ムツゴロウさんの
最後のどうぶつ回顧録

集英社

はじめに

『週刊プレイボーイ』で動物学者の畑正憲先生の連載コラム「ムツゴロウさんの最後のどうぶつ回顧録」がスタートしたのは２０１６年のことだった。そして、その直前に畑先生が連載の意気込みを語るインタビューを実施。それを再編集したものを、「はじめに」に代えさせていただく。

これまで心血を注いで関わってきた動物たちとのエピソードはもちろん、テレビや映画などの映像作品、自著でも明かしていない衝撃の事実を綴ってくれるというものだった。

「僕はね、今まで本当に危険なことは伏せていたんです。命がけなのは当然のことで、何でも平然とやっているように見せてきました。だからといいますか、テレビでは動物の糞《ふん》や尿を調べているシーンが多くて、一時期はよく視聴者に『糞を食べたり、尿を飲んだりしている』なんて言われていたんですよ（笑）。

今回、〝最後の〟ということで、これまで『表に出さなくてもいいや』と考えていたことをすべて書こうと思っているんです」（以下、カギ括弧は畑先生のコメント）

その当時、バラエティ番組などに畑先生が出演するたび、動物に襲われるシーンがVTRで流され、クローズアップされることも少なくなかった。

「最近はそんなシーンばかりを切り取って放送されるから、僕はカッカきているんです。野生のゾウだと分かって近づいていったのだから、ぶん投げられるのも当然。でも、そこだけを放送されたら動物の本質なんて分からないじゃないですか。

そのときだって、僕は百日間、ゾウの群れと一緒に生活している。そうしたところも一緒に放送してくれないと、どうして僕がそういう行動を取ったのか伝わらないんですよ。コラムではそこを書きたいんです。僕自身、『オレは何をしているんだろう』っていう心の葛藤もありましたが、ゾウが僕をひとつの生き物として認めてくれる瞬間を感じることができた。最終的には、あるオスゾウが僕をメスゾウだと思って恋をしてね。そこから先のゾウとの恋物語は連載で読んでください」

ほかにもコラムで語りたい動物がいた。

「オオカミ犬の時も忘れられないなぁ。仰向《あおむ》けで寝ている僕に対して、オスのオオカミ犬が発情のプレゼンテーションをしてきたんです。

仰向けで寝ている僕に対して、上手いこと前脚を使って僕をうつぶせにさせるんですよ。ちょうど、メスのオオカミ犬が腹ばいになっているような状態ですね。そこに乗っかってきて……」


このコラムにおいて、「発情期」がキーワードのひとつでもあった。


「(発情期の動物に近づくのは危険か、と問われ)僕の考えでは、まったくの逆。発情期のほうが動物と仲良くなりやすいんですよ。

だって、発情するたびに相手を殺していたら、種の保存なんてできないでしょ? 心の中では親密になりたいと思っているはずなので、その感情を引っ張り出してあげると、手の平を返したようになついてくる。

それはどんな動物でも一緒です。そもそも動物に僕は恐怖を感じたりしない。動物同士、お互い仲間だと思って接していると、たとえ咬《か》まれても、よし、よし、ようしっていけるんですよ。

今はゾウとオオカミ犬を例に出しましたが、これからコラムでは、ジャガーにチーター、リカオン、そしてライオンなど……たくさん描いていく予定です」

そしてインタビューの最後、畑先生はこう語っていた。

「人間として動物に深入りした場面をぜひ見てもらいたい。テレビだと動物の交接シーンを撮っても放送できませんでしたし、奇抜なことに焦点を当てられがちになる。

　つまり、すべてを伝えきれていないんですよ。

　僕が体験してきたこと、研究してきたことは人生の宝。それをちゃんと残さないといけないと思いましたし、週刊プレイボーイを通して最後に伝えたいと思ったんです」

目次

はじめに …… 2

第一章　ヒグマのどんべえと暮らした日々 …… 11

12 シロクマの性

15 ウドンゲの花

18 噛まれて咬まれて

21 ハマナスの花

24 花と鼻

27 クマにまたがり

30 尽きせぬ迷い

33 冬眠室の夜

36 交尾排卵

第二章　ゾウの孤児院で受けた衝撃 …… 39

40 ホーデン談義

43 触れ合う動物学

46 百万年に一度のチャンス

49 ゾウたちの群れ

52 ある夜のカレーライス

55 アトゥーラの襲撃

58 応急処置の夜

61 そして涙　クマーリ愛の手

64 ク、ク、クマーリさん
67 新しい友人
70 恋人？　カディラ
73 ぬうっとビジェが
76 ヌウトリアのビジェ、　挟み打ち
79 ゾウとの二重生活
82 心と心、　ナツが動いた
85 おれはヒトだ。　ゾウじゃない
88 ゾウの睾丸
91 カディラのニラ　性の急所
94 カディラとの恋
97 性の不思議　メスの目ぢから
100 カディラとのディープキス
103 カディラの童貞
106 カディラの求愛

第三章　動物たちの性研究 …… 109

110 わが友、　ヤマちゃん
113 ムール貝の風呂
116 死の抱擁
119 馬の知恵
122 亜種はサイズで
125 パンダの交尾
128 二つのカギ穴　微妙な関係

第四章　オオカミに魅了された理由 …… 131

132 オオカミよ、神の子たちよ
135 運命の出会い
138 アナバス、わが友よ
141 アナバスの白い星
144 ベッドに出来た突起
147 ようし、よし、よし、アイラブユー
150 アナバスの救命
153 ゴリラからオオカミへ
156 オオカミさん、どうしたの
159 アナバス　行動の秘密
162 ひっくり返して、乗ってきた
165 愛され愛す
168 動物たちの性

第五章　ゼブロイドを探しに …… 171

172 どーんとケニア、奥の奥
175 裏キリマンへ　ゼブロイドを求めて
178 ぽお、ぽお。響けよ、我が声
181 最後の生原稿——いよいよゼブロイドに面会

おわりに …… 190

ブックデザイン　後藤正仁
写真　本田雄士
編集　高篠友一（週刊プレイボーイ）

JASRAC 出 2305604-301

第一章　ヒグマのどんべえと暮らした日々

イラスト／畑 正憲

シロクマの性

夜。新聞社から電話。

「もしもし、シロクマの件ですが。希少動物ですから、メスを一頭だけ飼っているところが、子供が欲しいと思って、オスを借り受け、つまり婿さんをとっていました。ところが、なんとなくおかしい。三年ほどたって、その婿さんがメスだったと分かったのです。そんなことってあるのですか?」

「あ、それ、夕方のテレビで知りました。ニュースでやっていました」

「専門家でしょう。専門家がオスとメスを間違えるなんて、どうしたのでしょうね?」

「ははは、専門家だからのミスです。思い込みですね。子供の頃、ハイ、オスだと区別され、そのままになってしまう。すると、その後、誰も確かめないで、ずるずる飼われていたのでしょうね。ほら、推理小説のトリックに、部屋の中にでーんとある大きなものが、謎を解くキーになっているということが」

と、私は笑いを含んで答えた。

子グマの頃、ちょっと眺めるだけで、オスとメスを分けたとしたら――。

そうだ。その可能性がある。

私はつけ加えた。

「クマの場合、小さい頃、メスのものが棒状に見えることがあるのですよ」

「え、どういうこと……!?」

「大陰唇《だいいんしん》がふくれて中央でつながり、しかもクマだと毛深いですから、目視だけでは間違える人がいるかもしれないですね」

翌日の新聞。

私の意見が切り貼りされて載っていた。

「あのムツゴロウさんでも、最初、おやっと見間違えてしまった」

そう書いてあった。

とんでもない。私は手を差し入れ、指で左右に開いて確かめている。

じゃあ、どうしてペニスみたいになっているのか。

動物にとって、糞や尿は大切な情報源である。ライオンなどは、ナワバリの周辺に注意深く糞を置く。南米にいるブッシュドッグを見に行ったが、逆立ちをして排尿していた。やぶの木や草の高いところに尿がつくので、格好の目じるし、いや鼻じるしになるからだ。

クマの子の場合、尿をしたくなると、後端からパッと飛び散らないようにしているのではないだろうか。

鋭角的に、狭い範囲でことを済ませるのである。それしか考えられない。

そうか。

シロクマは大きい。しかも肉食獣だ。

繁殖期、オスがメスを追うあまり、子グマを殺すことだってある。サルではよくあることだ。母親の乳を吸っている子を殺すことによりホルモンの分泌リズムを変え、自分の子を宿すように仕向けるのだ。

私は目を閉じた。

思い出す。すでに三十年以上前。ヒグマと同居していた頃のことを……。

ウドンゲの花

やめましょう、と私は言った。目の前には、男がふたり。テレビ局のディレクターとカメラマン。二人は、ごく自然に私の生活に染み込んできていた。

年の始め、私は北海道上川《かみかわ》の大雪山《だいせつざん》の麓《ふもと》にいた。そこで、古くからの友人である間宮さんがアイヌの民芸店を営み、客寄せのためにヒグマを飼育していた。ヒグマ飼育三十年。

「クマのことならなんでも聞いてくれ」

間宮さんはそう胸を張る男だった。

縁あって、私は間宮さんが庭で飼育しているヒグマの子を一頭譲り受けていた。何があってもひとりで育てるつもりだった。

間宮さんは、まず子グマに首輪をつける。それを家の前につなぎ、人に慣れるように育てていく。観光客たちは、その子グマを見て、「わぁ、カワイイ!」と、写真を撮っていく。

テレビ局の二人とは、間宮さんの家で会った。私は最初、間宮さん一家のことを撮っているものとばかり思っていた。

ところが、クマの子と一緒に、浜中《はまなか》にあるわが家までついてきた。ドキュメンタリーを撮りたいというのだ。

　だが約十日後、ディレクター氏が言った。

「もう一度、上川へ行きましょう。このままだと大変なことになりますよ。クマが大きくなって、発情期がやってきたら、あなたは殺されますよ。上川へ戻り、間宮さんに調教の方法を教わりましょう」

　よけいなことを言うな。おれの人生に口を挟むな。ドキュメンタリーを撮っているらしいけど、撮る対象に、こうしろとアドバイスするなんて許せない。

　私はきっぱり断った。

「やめましょう。二度と顔を見たくない」

　もし契約でもしていれば、私も粘り強く説得したかもしれないが、二週間ばかり密着取材をされているのに、将来、そのフィルムをどうしたいのかという話すらなかった。

　かくて、私は、ヒグマの子と一対一になった。夜も昼も。

　ヒグマは、中型犬ほど。それまで、兄弟や親と一緒だったのだ。どうしていいのか、なぜここにいるのか、まったく分かっていなかった。いら立つし、気に入らぬことのほうが多かった。邪魔者を蹴散らした。この野郎と、ところ構わず噛《か》みついた。

その邪魔者が、私、だった。

私の手や足には、鋭い犬歯の穴が開いていた。鼻にもガブリ。血が四散し、メガネが血でくもった。

「どうだい、噛まれても痛くないように、もっと厚手の着物を着たら」

と、忠告する者もいた。

とんでもない。肉が欲しいのなら、噛みちぎって食べろ。

私は覚悟を決めていた。

発情期になると、危ない？　どう危ないのだ。おれは殺されるのか。ようし、それならそれでいい。やってみなければ、分からない。誰も見たことのないウドンゲの花。

噛まれて咬まれて

イテッ、イテテテ。痛いぞ、コラ。

ふくらはぎに噛みついた子グマに、私は顔を近づけた。手で相手を追い払いもしなかった。駄目！　と声を大きくすることもなかった。

子グマは思いっきり噛みついている。その犬歯は、一センチ以上深く肉にくい込んでいる。

風呂に入るとき、数えると、歯の痕は二百ではきかなかった。私は、止血も消毒もしなかった。バンソウコウを貼りもしない。ホータイもなし。

一度目は、まだいい。前に噛まれて腫れている部分をくわえられた際の痛さといったらなかった。思わず、ヒェッと叫び、腰を浮かすほどだった。

全身傷だらけになる。そしてふと、耳たぶが無傷であるのに気づく。もし動物が攻撃性を増し、相手をやっつけるためなら、耳を狙うはずだ。

トルコの東部、あのクルド人がたくさんいる地帯に、カラバッシュという牧羊犬がいる。

これは子犬の頃、主《あるじ》に耳のつけ根から切り落とされる。オオカミと闘わなければならないからだ。まず、狙われるのが耳である。今でも、耳を落とす習慣は残っているし、私が訪れた時も、「昨夜オオカミが出て、羊をやられた」と牧場主が顔をしかめていた。

だとしたら、子グマが噛むのは、単なるいら立ちか。

――おれは何をしているのだろう。こんなことをしてなんの役に立つのか。

日を重ねるたびに、そんな反省が胸に湧く。

――おれはこの子を母親から引き離した。この子の幸せにならないのではないか。

そう思って、馬鹿なと打ち消した。犬や猫、牛や馬、動物園で飼われている動物たち、それらにとっての本当の幸せとは何か、そう考えるのは精神の衰弱だと私は常に教えているではないか。

大切なのは、今、だ。今ここにこうして共に生きている。

青嵐と呼ばれる五月の悪天候が過ぎた。

晴れた。窓にスズメの影が映った。

私の中で何かが変化した。熱いかたまりが湧いてきた。凶暴といってもいいような、放っておくと自分が破裂しそうな情熱。

私は着ているものを脱いだ。

丸裸。

股間が、なんとなく頼りない感じがした。

そして大の字になって寝た。

――さぁ、どうとでもしてくれ。

クマが近づいてきた。まず、足の裏からにおいを嗅いだ。次に股間。もし大切な部分をガブリとやられたら……。

クマは、すぐにへそのほうへと鼻先を向けた。あるか無きかの、男の小さな乳首を舐《な》めた。そして、私の脇の下へ首を突っ込んできた。舐めた。しつように。皮膚が痛くなるほど。低い声で、くくくく、と鳴いた。

この日以来だ。クマが心を開き始めたのは。

そして、私の体が、動物寄りに変化したのは。

ハマナスの花

カッコウの声が林に響いた。下の浜に波が打ち寄せる。その波音さえ、なまめかしく感じられた。

ヒグマ飼育三年目。

私はコンクリートで、完璧なクマ舎をこしらえていた。冬眠室がふたつ。運動場、プール、そして私のベッドと机。

食事は、ときにクマと一緒だった。スキヤキなどの場合、ご飯にかけて持っていった。それなら、クマと一緒に同じ皿から食べられた。

クマは、私を信頼するようになっていた。スキヤキの肉片をつまむと、クマは首を伸ばしてくわえる。私は、指を口の中に差し込んで、引っ張る。相手の歯を利用して、肉片が半分になる。

「ははは、それ、半分ずつだぞ」

スイカなどは、丸ごと持っていった。クマは前脚で圧《お》さえ、全体重をかけて割った。

ゆで卵が好物だった。私は、クマの額にぶつけて卵を割る。これが嫌いだった。ぶつけると、低くうなって抗議した。でも、皮をむいてやると、相好を崩して喜んだ。

ある朝のことだ。

朝食をすませ、パンにバターをたっぷり塗ったものを持ち、いつものようにクマ舎に足を踏み入れた。

と……。

クマが左右に首を振って近づいてきた。

ガブリ。

私の右肩を大きく、くわえている。

でも、力は入っていなかった。

クマの体の中心から、ううーっ、といううめき声が聞こえた。

首を曲げて、横を見た。クマの口。よだれが流れて出ている。私は首を思いっきり横にまわし、舌を伸ばして、クマの上唇を舐めた。

もどかしそうだった。

もし、人だったら。首に手を回し、私の唇にキスをしているだろう。お前、どうしてクマなんだ。

中に入り、腰を下ろし、両膝を抱えている。すると、その私の両足の間に、顔を圧しこんできた。すごい力だ。そのまま後退する。そして、コンクリートの壁に圧しつけられる恰好《かっこう》になった。

クマは、ぐいぐい圧してくる。圧倒的な力だ。そのままにしておくと、肋骨が折れただろう。体を斜めにして、やっと力をそらす。

発情。

ついにきたか。

何度もほかの人に脅されてきた発情がついにやってきたか。

すでに怖さはなくなっていた。

殺さば殺せ。

しかし、そんな命をかけた決意も、どこかへ消え飛んでいた。命あるものどうし。そうじゃないか。血が温かいものどうし。

クマは、後退した。

そして次に、尻を向けてきた。目の前。陰部があった。その上部に赤い花が咲いていた。

棒状の女性自身が、左右に開き、ハマナスの花みたいだった。

花と鼻

周りには誰もいなかった。ヒグマと私。二人だけ。

クマは、頭を下げぎみにしている。そして尻から私に近づいている。

私は、両手を前にして、その尻を押す恰好になっている。目の前に、赤い花が。

至近距離。

――きれいだ。おい、何てきれいなんだ。

私はつぶやいている。

ひだがあった。そこに走っている毛細血管は、太かったり、細かったりするのだろう。

血管から見える血の色が微妙に違っている。

花――。

それも栽培種のバラなどではなく、強いてなぞらえるなら、ハナマス。海浜で潮風に身を任すハナマス。

ああ、律動。

花びらと違って、クマのものは、表面にゆるやかな動きがあった。内から外へ。外から内へ。何のためのものか分からない。ゆるやかで秘密めかした動き。

私は、幼い頃に母に聞かされた、人間の処女膜のことを思い出していた。

母は、助産婦で看護婦だった。両方の試験に合格した後、大きな産婦人科の病院につとめていた。

ある日、二人だけの折、「マアちゃん」と私の名を呼んだ。

「あんね、処女膜というの、ほんまきれいかとよ。こうピンクで、ぴいんとしていて、ほんま、何というか、人の体ん中で、いちばんきれいかぁ」

もちろん、私は見たことはなかった。

「ほんまね。そげんきれいかと?」

見たいとは思ったが、それは禁断の美であった。憧れだけが心に焼きつき、その時に思い描いた絵は、いつまでもいきいきと残っている。

私は、クマの花に、キスしたい衝動に駆られた。

顔を近づける。

プーンと。

生ぐさい臭いがした。

え、え、と思う。これが発情臭なのか。
いや、ちょっと違う。
私は、馬や牛、羊や犬など数多くの動物の発情臭を嗅いでいた。それとは違っていた。
えーっと、強いていうなら、血だ、血の臭い。
――お前、出血しているのか。
中をのぞきこんだ。
出血している気配はなかった。
その時だ。
クマは、尻をどーんと押しつけてきた。
私の顔。ベタリ。
鼻が、花芯に食い込む形になった。
クマは、そのまま、押してきた。
私は両膝を立て、壁に寄りかかっていた。相手は、構わずぐいぐい。
おい、やめろ。
と言いたいのだが、鼻が埋没していて言葉にならなかった。

クマにまたがり

クマは、横顔を私の肩にこすりつけて甘えた。細く、低い声でないている。小さな、小さななき声だ。

ヒィー、いや、ウウー。

そうでもないか。

耳では聞きとれない小ささである。クマに接している部分に、それは震動として伝わってきた。

クマに発情が訪れ、私はやっと心の底からほっとする平和な生活を取り戻していた。もう、咬まれる心配をすることもなかった。まるで、大きな犬と暮らしているようなものであった。

「おい、重いぞ」

と、私は言う。大きな体をもたせかけていたクマは、そのひと言で、すっと身を避ける。

「いい子だ。利口になったな」

と、私は頭をなでてやった。

発情期《フケ》がきたらどうするんだ。

無理すんなよ。殺されるぞ。

何度も何度もそう脅かされていた。そんなものかなと思い、私もある程度のことは覚悟していた。だが、事実はまったく逆だった。

クマは、おとなしくなった。やさしくなった。

私は作家だ。文章を書いて暮らしている。仕事をないがしろにするわけにはいかなかった。クマ舎を作るのにも、家一軒分の費用がかかっている。その借金を返すために、仕事を減らすわけにはいかなかった。

クマと遊んでいて、ふと、書きかけの原稿が浮かぶ。クマが両手で私を引き寄せる。

「うるさい。ちょっと待て」

邪険に払いのけ、すぐ反省した。

いかん、いかんぞ。クマが、おれの仕事が分かるわけがない。

「ようし、よしよし、さぁ、くるか」

私はクマの胸に顔をうずめた。

クマ舎には、ものを書くスペースが作られていた。机、ストーブ、ベッド。

そこには、クマは入れなくしてあった。でも、前足だけが差し込める隙間が用意されていた。私が座る。クマに背を向けて執筆を開始する。すると、クマは前足を伸ばし、爪で私のベルトをつかんだ。それだけで満足してくれているのが不思議だった。

クマの尻に咲く花は、見事さを増した。

私が運動場に出る。すると怪力で制し、私を座らせてしまう。

そして花をぐいぐいと圧しつけてきた。

私は顔をつけたまま、じりじりと立ち上がった。そしてクマを後ろから抱く恰好になった。次に、全体重をかけてみる。びくともしない。ようし、それならと上に這《は》い上がった。足が地面から浮いた。

乗った。乗っているのである。

クマにまたがり……という童謡があったなと思う。そうだ、金太郎。

「さぁ、歩け。歩いてみろ」

私は、宙に浮いている足で、クマの尻を蹴ってみた。

歩いた。すたすた。軽やかに。

クマは、私を乗せて運動場を歩いたのだ。

尽きせぬ迷い

一時期、野生動物は自然の中で観察してこそ、正しい学問になると説く人が増えた。それも一理である。しかし、そうとばかりは言えない側面もある。正しいかどうかは知らないが、近づいて抱いてみなければ分からない心のひだがある。

そもそも私は、動物になってしまいたいという、途方もない夢から出発した。

なれるわけはないのだ。

それは最初から分かっているのだが、でも近づきたかった。這いつくばってもいい。殺されるぐらい何だ。常に心の中には、赤いマグマのようなものがあった。

そんなの学問じゃない?

上等じゃないか。学問だけが真実を探し当てるわけではないぞ。

私は胸の内でぶつぶつ囁《ささや》きながら、わき道へともぐりこんで行った。

鼻の件がそうだ。クマは私を座らせ、尻を私の顔に圧し当て、〝花びら〟を押しつける。

私は、当然、考える。

「おれの鼻は何だ。一体、何と思ってやがる。マスターベーションの道具か」

動物だってマスをかく。

春、馬房に閉じ込められたオス馬は、一物をそそり立てる。それをブラブラさせて腹にぶつける。リズムが速くなる。白い液がほとばしる終点までいってしまう。

サルのものは有名だ。前足、つまり手を使えるからだ。これを「サルマス」という。

クマの後部で開く花弁は、赤くて、きれいである。でも、美しいからといって、人とは違う。どんなに動物と一体化したいと願っても、クマと交尾をしたいという欲望は、私の中にはかけらもない。

悩ましいところだ。

このクマを、それでは愛していないのか。好きだ。愛している。そう断言出来る。

愛――。

本当に不思議なものである。好きということと、交尾とは違うのか。

私は、クマのいろいろな部分をさわりまくった。乳房、乳首、その周辺。後肢の付け根、胸からわきにかけて。

科学を学んだせいでもあろう、どこが急所で、その急所を念入りに触ると、クマに変化が生じることを確認した。

花びらの中心に、指を入れてみたかった。膣は私の指よりも深く、肉でくるまれるだけだろう。だけど、クマの心には、何か変化が生じるはずだ。

敢行しようか。

いや、と押しとどめるものがあった。

それは許されないことだ。

生命への畏敬の念と言ってもいい。クマは今、目の前で輝いている。それをよごす感じがした。

私は、馬の膣などには、平気で手を差し込む。このクマは違う。愛している存在だ。

おいおい、愛とは何だ。

私は、毎日、クマに乗り、呟《つぶや》き続けていた。

冬眠室の夜

難航していた仕事がやっと終わった。時計は、夜、十一時をさしていた。

クマは例によって、手を伸ばし、私のベルトをつかんでいた。その長い爪を一つずつ外した。

「待たせたな。終わったぞ」

原稿を揃《そろ》えて、封筒に入れた。

立ち上がる。思いっきり背伸びをする。

煙草が欲しくなり、一本くわえた。火をつけ、深々と吸う。ストーブを消した。

体を斜めにし、クマの居室へとすり抜ける。

その通路は、丁度《ちょうど》、私が通れる幅に作られていて、大きくなっているクマは、そこには入れなくなっていた。

運動場に出た。通路の天井につけてある常夜灯の明かりで、コンクリートの壁が白っぽくぼんやり見えた。が、クマはいなかった。

私は笑った。

「へへへ、もう寝たのか」

腰をかがめ、冬眠室に入った。

クマは、枯草の上。横になっている。

「お待たせ。さ、いい夢を見ようぜ」

クマの横にもぐりこんだ。

クマは、うっ、う、う、と低い声でないた。前足で私をかいこんだ。

「おい。寝るぞ。おい、おい」

厚い胸に顔を埋めようとした。するとクマは、私の体をまたぐようにして、前へと進んだ。

「お……うぐっ……おい、重いぞ」

私は顔を振ろうとした。でも、すごい力で押しつけられていた。クマは、私の顔の上に腰を下ろしていた。そして、あろうことか例のものが、私の鼻をくるんでいる。

五分。十分。

「んぐっ、オモイぞ。ぐぐぐ、ぷっ」

私はもがいた。びくともしなかった。

えーい、ままよ、好きにせい。

捨てばちになった。そして考えた。

クマの奴、これは何だ。これは性行動だろうか。交尾動作なのか。

私たち哺乳動物の脳の中には、性行動を司《つかさど》るセンターがある。小さい、小さい部分である。それは、猫で詳しく調べられていて、そのセンターに電極を差し込み、微弱な電流を流してやると、性行動を示す。たとえばオスの猫だとすると、相手は何でもいい。目の前にあるものに抱きついて腰を動かし始める。本でもいいし、棒切れでもいい。抱ければいいのである。

その実験のフィルムを、学生時代、目をさらにして見たことを思い出していた。

種を保存するための根源的に大切なセンターである。私は、機械的、物理的なその筋肉の律動を見て、恋などという生易しいものじゃないと舌を巻いた。ウムを言わせぬ力強さがあった。

とすると、これは何だ。交尾動作か。性行動のセンターにスイッチが入ったのだろうか。

それとも……。んぐぐ。さぁ、寝ようぜ。

交尾排卵

クマの発情期は、予想以上に長かった。

クマの内にともった灯《ひ》は、一週間経っても消えようとしなかった。それどころか、ますます甘えがしつこくなった。

私にとっては、幸せな時間だった。動物になってしまいたい、動物に近づきたいと願っていたので、それは夢のような時間であり、まさに理想に近いものだった。

ある日の長い夜、私はクマに話をした。

「あのなあ、ほら、北の方に見えるだろう。あの山の中に、大きなクマが住んでいてさ、それは見事な金毛でね。額から背にかけての長い毛、ふさふさしていて、風になびいて、それは綺麗《きれい》だったんだよ」

クマに分かるわけがなかった。

私が大学二年生の頃、日曜日、下宿先の五歳になる娘さんが、私の寝床にもぐりこんできた。その娘には、「ヒキガエルの王国」について語った。

それから、娘の明日美。孫の風花。彼女たちにも、ハゲコウ（コウノトリ科の鳥）が活躍したり、ゾウが宝探しのお供をしたりする物語を私はたくさん話した。

クマとの夜は、それらと似ていた。私は同じことをやっている錯覚に酔い、長い長い創作の物語を話すのだった。

ときどき、我に返った。

「おい、分かってんのか」

苦笑し、爪でクマの顔を弾《はじ》いた。

「それでな、金色ヒグマは秋の山をさぐり歩いたのよ。おい、重いよ」

クマは、私にのっけていた後足を下ろした。

「おれ、のどが乾いたよ」

立ち上がる。煙草も欲しくなっている。コーラを飲んだ。

そうだ、ひょっとして……。

脳の中心で、ピカリと光るものがあった。クマは「交尾排卵」じゃないのかな。

哺乳動物の排卵には、二つのタイプがある。

一つは、人や犬のように、発情期の、ある時期にだけ卵が濾胞《ろほう》から排出されるもの。

もう一つは、ネコのタイプだ。交尾が刺激になり、濾胞から卵が出てくる。これを交尾排卵という。

確実に受精するためには、どちらが有利と決めつけるわけにはいかないが、でも、両タイプとも受精をさせるための進化、工夫なのは間違いない。

ネコの交尾。

交尾時に強い刺激を与えるために、ネコのペニスには小さなトゲがついている。それも、ペニスを抜く時に引っかかるように、オスから見て内側に向いている。

これで膣壁をこするわけだから、メスはかなり痛いはずだ。

ライオンはネコ科である。最近は、テレビのおかげで交尾のありさまなどを茶の間で見ることができるようになった。

ライオンのオスは、射精してメスから離れる時、気を遣う。パッと、慌てて離れる。メスは痛いに違いない。シャーッと吠え、襲う恰好をするのだ。

第二章　ゾウの孤児院で受けた衝撃

ホーデン談義

私たち人類は、体の中心に脊椎という骨の柱を持っている。脊椎動物というけれど、その中でもミルクで子供を育てる哺乳動物に属している。

「そしてだね、マイク」

と、私は相手に話しかけた。

アメリカからやってきた『ナショナル・ジオグラフィック・マガジン』の記者は、マイクと呼んでくれと自己紹介したのである。私は話を続けた。

「哺乳動物の仲間は、ほとんど、タマタマが体の外についている。日本だと金の玉、ゴールデンボウル。英語で、テスティス。ドイツ語ならホーデン」

「おれにも二つある……」

「それそれ。動物の体ってよくしたもので、無くて困るものは二つあるんだ。目が二つ。鼻の穴が二つ、乳房が二つ。そしてホーデンが二つ。一つが駄目になってもスペアがある。

一つが故障すると、もう片方が大きくなる」

「へーえ、どのくらい？」

「ちゃんと一人分のホルモンを出すくらいにはなるよ。でもさ、おれ、父親の医学書で写真を見たんだけど、象皮症という病気があってね、これに男性がかかると、ホーデンが肥大することがある。一輪車にホーデンをのっけて、押して歩いている写真を見て、一度見てみたいと思ったよ」

「それで、見たのかい？」

「ああ、ブラジルでさ、地下鉄の駅前の広場で、物乞いをしていたよ。残念ながら女性だったがね」

「皮膚がゾウみたいになって」

「ざらっとしていて。太ももが、胴まわりより太くなっていたね。もちろん自分では歩けず、膝から下が両足ともに切断されていたよ。寄生虫病の一種で、彼女は、アマゾン河の中にある島でこの病気にかかったと言っていたっけ。そうそう、ゾウ！」

と、私はコーヒーを飲んだ。

「ゾウは大型の哺乳類としては珍しく、タマを体の外にぶら下げていないんだよ」

「まさか、タマがないなんて言うんじゃないだろうね」

「あるさ、ちゃんと二つ。背中に近い場所についているよ。皮膚の下にしまわれている」

余談になるが、私はテレビ局から別の取材に来た女性記者に、それについて資料を見せながら示そうとした。しかし、女性記者は、ふん、という感じでその本を開いてみようともしなかった。

話はマイクとの会話に戻る。

「ゾウを飼うにあたって、人類が困ったのは、まずそこだね。牛でも馬でも、タマタマは後ろにぶら下がっているから、ちょん切れば去勢ができるんだけど、オスゾウのものは体内にある。あのね、タマのある動物は、特に大型の動物だと、発情期に荒れて、手がつけられないことがある。馬だって、タマ付きのオスで隊列を組むと、ブヒブヒ嘶《な》いて、うるさくてかなわない。昔の騎兵隊では、敵に発見されて大変だったらしい」

女房がケーキを運んできた。ホーデン談義はひと休みだ。

触れ合う動物学

ケーキはフキノトウで作ったものだった。春になると、そこら中に顔を出すフキノトウを掘り起こし、冷凍しておく。それをピュレにして生クリームで混ぜると、苦味が何とも言えぬアクセントになるのだ。

「これはうまいな」

マイクが褒めてくれた。

「サンキュー。この緑色は、野草のものだよ。この地方には、たくさんあるんだ」

オス猫が一匹、ニャアと啼いて近づいてきた。彼は、生クリームが大好きである。

私は、皿を彼のほうに傾けてやった。すると猫は、おちょぼ口で、ケーキを舐めた。

「マイク、タマタマの話に戻るけどね。モンゴルでは、これは去勢しなければというオス馬がいると、飼い主がガブリと噛みつき、喰《く》い千切《ちぎ》ってしまうって聞いたよ」

「ハハハ、まさか」

「だよなぁ。あのタマ袋は、いくら何でも噛み切れないよね。丈夫なんだ。種牡馬、つまりタマ付きの馬に乗って全力疾走させるとね、タマ袋が腹に当たって、キュウイン、キュウインと鳴くくらいだし。あの音、好きだなぁ」

「でも昔、モンゴルでは、どうやっていたんだろう。ナイフでエイヤと切ったのだろうか」

「紐《ひも》で縛ったらしいんだがね。その方法だったら、北海道でもかつてやっていたらしいよ」

「ふうん。そのキンのタマを取ると、オスの馬は、おとなしくなるのかい？」

「穏やかにはなるな。うちでも、いろいろあってね。深夜、オス馬が馬房を抜け出し、他の種牡馬の所へ仕掛けていき、大変な喧嘩《けんか》になったことがある。馬は普通、野原の場合、相手の首筋を狙う。そこは馬の弱点でね、太い静脈が通ってるから」

「ふうん。その気の荒さ、見かけによらないものだね」

「野原の喧嘩も見たことがあるよ。やられたほうの皮膚がボロボロに破れていてね、人が気付いて分けたから何とか無事だったけれど、あと三十分遅れたら、危なかったよ」

「メスの馬は、どうなの。気の荒いのもいるんじゃないか」

「メスは、そこまでやらないよ」

「ふうん、すると、矢張りタマタマが原因なのかなぁ」

「睾丸から分泌されるテストステロンが影響していると思うよ」

私は、オス猫を正面から抱いた。猫の顔をこちらの腹に押しつける感じで。

それから、右手を伸ばして、オス猫のタマをつまんだ。

「これも、おれの習性の一つでね」

「え、なんと！」

マイクは、シャッターを押した。

「こうしてタマを持っているとね、いろんなことが分かるんだよ」

私は、マイクに、同じことをやらせたかった。それが、触れ合う動物学の第一歩だ。

百万年に一度のチャンス

ゾウという生きものは、私の想像を遥《はる》かに超えていた。何が何だかよく分からないところがたくさんあった。

スリランカ、ケゴール。

キャンディへと続く道路を左に折れ、川沿いにしばらく行くと、ピンナウェラという場所がある。そこに政府は、ゾウの孤児院を作ろうとしていた。森や山で事故に遭ったゾウを集め、将来は観光施設にしようと思っているみたいだった。

でも、私が辿《たど》り着いた四十年ほど前には、まだゾウの数も少なく、観光のパンフレットにも名が載っていなかった。

人は、いた。ゾウを世話する人たちだ。一応、「ヒンデゥワ」と呼ばれる手かぎがついた棒を持っているが、山に仕事に行くマフート（ゾウ使い）ではなかった。彼らは、ゾウ

を遠巻きにして世話をしていた。

親にはぐれた子ゾウなどがやってくると、彼らの目は光り、ミルクを与えて世話を焼いた。しかし、生物学的な知識があるわけではなかった。

ピンナウェラ、オーファネージ（孤児院）。

そこを発見した時、私は、やったと興奮した。私が望むものが、望む形であったのである。動物と一緒になりたい、そう願ってきた。

ひょっとすると、ここで何とかなるかもしれない。幸運を神に感謝した。千載一遇のチャンス。いや、千どころではない、百万年に一度のチャンスかもしれなかった。

同行することの多いテレビのスタッフも一緒ではなかった。共にいるのは、親友のジェルミ君だけだった。何十日でもいい、何年かかろうといい、気が済むまで居続けて、満足するものをつかめばよかった。

ようし、やるぞ。

と、私は覚悟を決めた。

ゾウの心の中に入っていきたい。まばたきをしただけで、ゾウと気持ちが通じ合えるようになりたかった。

ヒグマの次は、ゾウだ。ヒグマだって、一緒に生きたじゃないか。

朝、早くに出かけた。

十時、ゾウの群れは、川のほうへと移動する。ゾウは十三頭。別に、鎖をつけられているわけではなかった。自由にさせていた。だけど逃げ出すゾウは一頭もいなかった。

ゾウの世話係は、事故ゾウが孤児院に届けられると、すぐに名前をつけていた。クマーリ。アトゥーラ。マーリ。カディラなどなど、である。

名をつけると、個体識別が出来た。ゾウによって違う個性を記憶するのにも便利だ。

私は、水泳パンツひとつになり、ゾウの群れと歩いた。

それでビックリしたのは、あの大きなゾウが足音を立てないことだった。

朝、彼らは腸の中にガスを貯めている。歩くと、血液循環がよくなり、

ぷっぷっぷっ……。

一歩毎《ごと》におならをした。そして、水に入ると、大きく丸い糞をした。

ゾウたちの群れ

糞をする際の肛門の動きには感心した。ソフトボール大の糞が押し出されてくる。すると、肛門内部の粘膜が明らかになり、ポトリと糞が落ちると、慌てた感じでぎゅっと締まる。皺の一つ一つが、一糸乱れぬ感じで作動する。

見事だと思う。美しいなと舌を巻きさえした。

自分のもそうなのかなと、肛門に力を加えてみる。

――へへへ、何やってんだ。

苦笑してしまった。鏡で工夫しなければ、自分のものは見えっこない。だけど、ゾウの肛門の動きは、そこだけが妙に生々しくて、人間ぽかった。

川に落ちた糞には、たちまち小魚が群がった。小魚が激しくついばむので、二、三メートル流れると形が崩れ、茶色の濁りになっていく。

目の前に巨大な脚がある。硬い皮膚で覆われていた。皺が寄っていて、一つの皺の深さは三ミリほどあった。

指を入れてみた。横に引いてみる。私の爪には、血はついてこなかった。

ダニは、ついていないのだ。これが、ケニアのツァボなどにいる野生のゾウだと、一つの皺の中に、数十匹のダニがいて、私の指でつぶされ、指先が血で染まったりする。

野生じゃないのだ！

だが、飼い慣らされてもいないゾウたちである。一年のうち、事故などから救出されたゾウが、一匹、二匹とやってきて、十数頭の群れになる。

そのくせ、仲が良い。新しくやってきたゾウを、何年も一緒にいるかのように温かく迎え入れている。

ゾウの不思議なところである。

孤児院のゾウの飼育係たちは、朝食を済ませたゾウを川の方へ誘導する。そして、ゾウたちが水浴びを始めたら、そのまま放っておく。

逃げようと思えば、逃げられる。でも、群れを作り、そのまま悠然としている。

雨季。雨が降って水かさが増したことがあったそうだ。と、小さなゾウが流され始めた。飼育係は顔色を変えて下流へと走ったが、大きなメスゾウがすかさず泳いで、ハナを使って子ゾウを助けたのだそうだ。

子ゾウだけではない。

犬が迷い込んで、飼育係にミルクをもらっているが、その犬が流れに巻き込まれた際も、大きなゾウが助けたという。

後に、ツァボにある動物保護区に行ったことがある。ツァボには、デボラ・シェルドリックというゾウを保護する立派な女性がいた。彼女は、何十年も、原野で子ゾウを拾ってきては育てていた。

乳飲み子をミルクで育てる。五歳か六歳になると、広い保護区に放すのだそうだ。すると、放したゾウが、何年かすると、子ゾウを連れているという。一頭だけでは生きていけないのである。

だけど、ほかの種類の野生動物の子を拾うケースはないとのことだった。

ある夜のカレーライス

ジェルミという人物と私は行動を共にしていた。ピンナウェラというゾウの孤児院から徒歩で二十分ぐらいの所に、ラクニワサというレストハウスがあった。全部で五室。その広い部屋二つを借り受け、朝、ゾウの所へ出かけ、夕方には帰るという生活を続けていた。

ジェルミは、オクスフォード大学の動物学科を卒業し、ロンドン大学の大学院を修了した俊秀だった。ひょんなきっかけで意気投合し、ゾウの旅を共にしていた。

彼は言った。

「ぼくは、哺乳動物のそばへ行くのが苦手です。少し離れた所から見ていたいのです」

だから彼には、写真を担当してもらっていた。専門として映像をこなしたわけではないが、なあにやっていれば慣れるさと、私はたかをくっていた。

チキンカレーに真っ赤なココナツサンボールをたっぷりかけた。後に知ったのだが、そ

れは南インドの食べ方だった。宿のマネジャーが、タミール族の出身だったのだ。

私は首をすくめた。

「どう、何か分かった?」

「ゾウについてですか」

「ま、そうだけど。おれ、さっぱり分からんよ。正直に言うと、厚い雲の中にいるみたい。ゾウの皮膚が厚いじゃん、いつまでもその厚い壁にへだてられている感じ」

「でも、見ていると、ムツさん、結構楽しそうですよ」

「ま、ね。そうかもしれない。楽しいねぇ、そうだよね。これだけのゾウの中におれるってのが恵まれているんだからね。でもさ、恵まれているわりにはさっぱり分からん。何が何だかね」

「ムツさんは、人間だよ。どうあがいてみても、人間だよ。脚が二本だし、あの長い鼻も持っていない」

「鼻ねぇ。ゾウは器用に使うよねぇ。おれ、今日、川の水から、目だけ出しているゾウを見て、マネしてやろうと沈んだけど、途端に息が苦しくなっちゃって、ふうっと水から出たけれど、よく見ると、やっこさん、鼻を顔の横に出しているんだ。それで呼吸はできるんだものね。負けた、と思ったね。ゾウのマネはできないと」

「ゾウは、顔の前に鼻という可動の器官を持っているでしょ。鼻でいろいろ作業する。ぼく、だから、ゾウの脳は、特別な進化を遂げたのだと思います。人類は、二本の脚で立った。この二足歩行を身に付けたおかげで、前脚が手として利用できるようになった。それが、脳のキャパシティを大きくした」

「うん、ジェルミ。人類学者でもあったんだよね。分かる、分かる。ゾウが頭のいいわけが。ゾウが特別な生きものであるわけが」

　でもさ、と私はチキンを前歯でかじった。

　ゾウの表情って読めないぞ。じゃあ、ゾウをどうやって抱く。抱けないじゃないか。ペニスにぶら下がってみるか。

　悩みは尽きなかった。

アトゥーラの襲撃

ピンナウェラのゾウの孤児院。そこにいるゾウには、それぞれ名前がついていた。ここへ運ばれてくるぐらいだから、どこかで大きな事故に遭っている。親にはぐれた場合もあろう。痩せこけて、歩けなくなった子ゾウが、トラックに乗せられてくることもあった。

獣医が一人いた。まず傷の有無を調べる。その間、スタッフが手際よく動いて、粉ミルクをとき、人肌程度に温める。一升瓶に入れる。それに、庭に水をまく際に使うようなホースを、一メートルぐらいに切ったものを突っ込む。

年に一度か二度のケースのために、これはゾウ用、こちらはカバ用などと、立派な哺乳瓶がつくられているわけではない。そこらの瓶に管を突っ込み、とにかく飲ませるように努力する。その方がよっぽど〝実獣的〟で役に立つ。一升瓶に水まきホース。それを見ただけで、私はここの実力は相当なものだと評価した。

私が訪ねてから、最初に持ち込まれたのが〝マーリ〟だった。メスの子ゾウ。生後三ヶ月か四ヶ月である。スタッフは、毛布をかけて保温し、全身をくまなく掌《てのひら》でマッサージをし、一升瓶に入れたミルクを与えた。

マーリと言えば、レストハウスに遊びにくる少女も同じ名だった。夕刻、私が戻っていることが分かると、門柱に寄りかかって立っていた。目が大きい、かわいい娘さん。小学校の二年か、三年だったろう。私は出て行き、いろんな話をした。

ゾウにつける名は、いろいろだった。村の子の名をつけることもあろう。マーリがいい例だった。多いのが、ラジャ。

〝アトゥーラ〟と名づけられた子ゾウがいた。オス。三歳か四歳。五つにはなっていないと思う。顔がとがっている感じで、頭にふさふさした長い毛が生えていた。インドゾウの子供には、たいてい毛が生えていた。長さは二十センチ。長いものは、三十センチほどあった。

どうしてだろう？

私はジェルミに自分の推論を話した。

「あのね、これは母ゾウに近づくためじゃないか。ほら、あの毛は、丁度、腹に当たる長さだ。母さん、ミルク。毛でこするとね、それが刺激になってミルクが分泌される。おれ、脳下垂体のホルモンシステムにも影響していると思う」

「またあ」

「笑うけど、関係があると信じているよ」

「ま、そうだろうけど」

アトゥーラは、群れの外に立っていた。行く度に、こちらをじろりと見ていた。私は、軽く挨拶《あいさつ》をするぐらいで、格別、よくしたわけではなかった。つかず離れず、といったところ。

ところが、ある朝、

「ドクター。テイクケア」

とボーイが叫んだ。次の瞬間、アトゥーラが正面から私の胸を直撃したのである。肋骨《ろっこつ》らしきものが、胸の中でボキリと音を立てた。

応急処置の夜

痛みは激烈だった。いろんな方向から押し寄せてきた。たとえば後頭部。架空のハンマーが空中にあり、ガンガン殴ってくるようでもあった。

枕に頭をのせていると、下から痛みが突き上げてきた。両手をベッドに突いて起き上がる。途端に、違う種類の痛みが襲いかかった。目が開けられない。まぶたの裏に、焼き付けるような疼痛《とうつう》があった。

足をそろえてベッドからおりた。足の指の間が痛んだ。鋭い鉄の針を、内部から突き出す感じだった。しゃがみこんで、手で足を摑《つか》んだ。思いっきり圧をかけると、痛みが軽減した。

居ても立ってもおれないとは、まさにこのことだった。ベッドの端に取り付けてある、ぎぼし型の飾りを両手で摑む。額を押し付ける。そして、うめいた。黙って耐えるより、声を出した方がしのぎやすいのである。

――うっ。う、う、うーっ！

人様には見せられぬ格好だった。私はこれまで、現場では、何があっても平然とし、痛みなどは見せないようにしてきた。これは、生来の意地っ張りのところがあった。

三十年間、テレビのスタッフと一緒だったが、現場で、痛いとか、体調が悪いと言ってへこたれたことは一瞬もなかった。

このヤロー、負けるか、という気持ちも無論ある。しかし、それ以上に、動物と付き合っているという理由の方が大きかった。動物は、体が人より頑丈である。力も強い。それらに対して、人の弱さで反応していたら、私の理想は実現出来ない。私は、動物になりたいのである。クマに張り手をかまされる。それに、痛いの、へっぱったのだと言っていては、申しわけがない。それは、初めから分かっていることだ。痛い、という事実を、自分の体から追い払わねばならない。

ゾウと付き合う。

相手は強大だ。ほんのちょっとものを動かすくらいの軽い気持ちで、こちらに力を加えるかもしれない。そんな時、へたくれていてどうする。吹きすぎる風と同じ。そのくらいの気持ちで、やりすごさねば。

——おい。お前には、その覚悟があったはずだぞ。何を今さら、あ、痛、痛っ……。

私は自分に言いきかせた。

ゾウの孤児院に寄り添える折角のチャンスだ。一生に一度。いや、あり得べからざるチャンス。もし、医者に行ったことがバレたら、場長はそれみたことかと出入り禁止にするだろう。

肋骨にそって、指をすべらせてみた。二本の指で、骨をはさむようにしてみる。

左側が、どうもおかしい。

へこんでいる感じがする。

――アトゥーラの奴、やりやがったな。

折れているか、ひびが入っているか。

深呼吸をする。そうだ、とジェルミの部屋まで行った。彼ならば、カメラを担当しているので、ガムテープを持っている。

私は、体にガムテープを巻き付けた。

そして涙　クマーリ愛の手

眠れない、長い夜だった。体のあちこちが痛かった。特に胸は、肋骨の下部が錐《きり》でもみ込むように烈《はげ》しかった。

えーい、何クソと思う。ヒグマに顎の骨を噛み割られた夜は、それで何とかなった。医者の所なんぞ行ってたまるかと意地を張った。明け方に寝つき、起きてみたら、枕が真っ赤だった。枕は血が滲《にじ》み込んで、重かった。えーい、このヤロウで頑張った。

ところが、今回は何クソ、このヤロウの効きめがなかった。それどころか、逆効果で、背中まで穴が開いたように痛んだ。

横になる。すると体重が横から逃げて行くみたいで、脇腹に疼痛が走った。

夜の風を入れようと窓を開ける。しゃがみこむ。せきをしたら痛むのが分かっていて、喉がいがらっぽくなる。

蛍光灯の明かりをしたって、大量のウスバカゲロウが舞い込んできた。

――おれ――痛くなんか、ないよう。おれ、元気だぞう。

声に出して歌った。少しだけしのぎやすくなった気がした。

――アトゥーラのヤロウ、バカヤロウ。今度会ったら、鼻をぐるぐる。そしてだぁ、ぶん投げてやるからなぁ。

夜が白んできた。近くの沼か川で大発生したのだろう、緑色のウスバカゲロウが床で重なり合って死んでいた。まるで、緑の絨毯《じゅうたん》を敷いたみたいだった。

キ、キキキ。

金属的な声。リスだ。椰子《やし》の木に登って、朝の歌をうたっている。

深呼吸。

テーピングの点検。強いものだなぁ。ちっともゆるんでいない。

ドアを開ける。

「グッモーニング」

私は精いっぱい元気な声を出した。

「ハウ、アー、ユー?」

と、マネジャーが笑いかけた。

「ファイン。ベリー、ベリー、マッチ」

弾む足取りで朝食のテーブルについた。

難行苦行。

コーヒー、パンを呑《の》み込んだ。

目を白黒。

そして、ふと思う。

もう一度同じことがあったら、骨は完全に折れ、肺に刺さるぞ。

なあに、これしきのこと。

ぼうっとしていた。体が熱っぽく、何をしているのかよく分からなかった。

――でも、行かねば。ここで、あきらめるわけにはいかぬぞ。

〽晴れた空、青い海。

あああ～憧れえの、ハワイ航路♪

口から出まかせ。古い歌をうたう。

そして、ジェルミと連れ立って、私はピンナウェラ（ゾウの孤児院）に着いた。アトゥーラよ、どこだ。

と、大きなゾウ、クマーリがやってきて、私の頭を顎の下に入れた。ゾウにかわいがられている！ 目に熱いものが溢れた。

ク、ク、クマーリさん

顎の下に、私は収まっていた。

すっぽり。

私の脊《せ》には、孤児院にいたゾウ「クマーリ」の胸があるのを感じた。手は後ろにまわしている。甲では、自分の尻の膨らみを感知していた。掌は、相手の太ももの内側に触れる恰好だった。

くせになっていて、指先を細かく動かしている。犬でも、馬でもそうだ。ようしと撫《な》でる。手をとめた所で、指をチロチロ動かす。

これは、生理学の論文を読んでから、私に定着してしまっている癖だ。皮膚には、たくさん神経が分布している。

皮膚は、動物最大の臓器である。血管が走っているし、神経網も分布している。その一点、Ａという場所を刺激したとしよう。神経はその刺激をしかるべき中枢へと送る。だけど、しつこく触り続けると、何だこんなもの、とばかりに、他へとその信号を捨ててしまう。

私は、ゾウの皮膚に触りながら、シナプスからシナプスへと渡り歩く、神経の信号を思ってしまう。

それは生理学を学んだ男の本能だろうし、言葉を換えればサガ、性であろう。

自分の額は、クマーリの顎の下。

やわらかだった。なめらかだった。あの、ざらっとした感じはなかった。

まるで、クマの下に潜り込んだみたいである。

——おい、どうした、どうした。

私は戸惑っていた。

ゾウと付き合って初めて、肉を感じさせる部分に触れた気がした。

——何だよ、何だ。

ドクン、ドクン。

はるか奥の方からだけど、動脈の拍動が額に伝わってきた。脚を触りまくっても感じられなかったものだ。脈拍。

生きているのだから、あって当然だ。だけどそれは、かたいよろいの中に封じこめられていて、感じようとしても感知できないものだった。

——クマーリ。おまえ、ね、生きている。

初めて、同じ舞台に立った気がした。

——ク、ク、クマーリ。よかったね、そうだよね。クマーリ、クマーリ。ほれ、とん、とん、とん。それ、とん、とん、とん。ク、ク、クマーリ。おれたち、仲良し、友達だよねぇ。ク、ク、クマーリ。

私は歌を唄っていた。口から出まかせの歌。何が何だか分からぬ歌。

感激！

やっと、ゾウと一緒になった。その突破口の一つが開いた。

そして気がついた。

掌に異変があった。

——そうか。え!! 何だ、これ。

掌が、クマーリの内側を触っていた。そこが、やわらかくなっていた。中に筋肉があった。血管も走っていた。私は、ゾウの体の中に触れていた。

犬やライオンと同じように。

新しい友人

朝、ゾウの所へ行く。

肋骨の痛みは、だいぶ快方に向かっていた。念のためにテーピングだけはしていたが、ゾウと接触しても、錐をもみこむような痛みはしなくなっていた。

ゾウたちは、川に入っている。アトゥーラが左端にいた。目つきや耳の動かし方で、私を認識しているのが分かった。ゾウの表情がいくらか判別出来るようになっていた。

「おうい、アトゥーラ。おはよう」

私は声に出して言い、別の子ゾウの方へと向かった。

「おい、おい。よく眠ったか」

アトゥーラの左に立つ。頭を平手で軽く叩き、顎の下をくすぐった。

次に体重をかける。自分の顔を、子ゾウの耳のあたりに押しつけた。

アトゥーラは、じっとしていた。足踏みもしなかった。

その外側に一頭のオスゾウがいた。アトゥーラとは、ある近い距離を保っていた。

この頃、私はゾウとゾウの距離、普通の動物では「ＩＤ」と呼ばれるものが、微妙に存在に関係しているのが分かってきていた。それについては、いずれ、詳しく述べよう。

私は、そのオスゾウに声をかけた。

「おい、お前。おい、おいったら」

ゾウは、両の耳をピンとこちらに向けている。目が、何かを見抜く感じがした。

「おい。おい。こっちへこい、よ」

私は呼んだ。すると、砂浜にいたエレファントボーイの一人が言った。

「ネーム。ヒズネーム、カディラ」

「そうか、有難う」

「ベリー、ベリー、ノーティボーイ」

いたずら坊主だと注意してくれていた。

「カディラ、ノーティ。ケアフル」

「はいよ、イストゥーティ（有難う）」

手を挙げて微笑《ほほえ》み、私はカディラの方へ向かった。

左に立った。

体を押しつけた。

カディラの中に、何か反応らしきものがあった。ピクン。いや、そんなもんじゃない。

何か……。何かだ。

私はゾウを解剖したくなっていた。

馬の気持ちが分からなくて、もだえ苦しんだことがあった。そんなある日、列車にはねられた馬の死体が手に入った。

運んで、メスを入れた。皮を剥いでいった。内臓を切り分けた。神経や血管をたどっていけた。

それで具体的に、何がどう変化したものでもなかった。だが、馬が、より身近な存在になった。

ゾウ。剖《さ》いてみたい！

カディラよ、その頭の中、どうなっているの。口の中は、耳は。

私は、解剖したいと何人かにもらしていた。

恋人？　カディラ

日が沈み、日が昇った。

カディラと知り合って三日も経った頃、私とゾウとの関係は劇的に変化していた。

まず、皮膚。

かたい、かたいゾウの外皮。ざらざらしていて、一切内部の情報は外にはもらさないぞと言わんばかりに、しっかりゾウをくるんでいる皮膚。

それを薄く感ずるようになっていた。手をあてる。温かみがほのかに伝わってくる。

ああ、眞皮。筋肉。

犬やライオンと変わらなかった。

私は話しかける。

「おい、おい。カディラ。天気がいいなあ。おい、分かるかい？　おれ、ムツさんだよ。みーんな、そう呼ぶんだ。おい、カディラ」

歌ってみる。

〽知床の岬に

はまなすの咲くころ
カディラは、黙って静かに聞いていた。
前脚のつけ根を指できつく刺激。そこから腹の下へ。
〜思い出しておくれ
俺たちの事を
顎の下を愛撫《あいぶ》。すると、カディラが口をだらしなく、ぽかーんと開けた。
「なんだい、なんだい。どうしたい」
私は幾分、戸惑っている。こいつ、おれに何かを言いたいのだ。
ゾウが下唇をだらんと垂らす時は、最大限リラックスしているのだ。
私は口の中を覗《のぞ》き込んだ。
下に、白いかたまりが。
舌。
舌を真上に隆起させていた。
「おい、おい……」
私は顔を突っ込み、ゾウの舌を含んだ。

なめらかだった。

チュウチュウ。

冷たくはなかった。自分の指を口に含んだ感覚だった。

それからというもの、カディラは私の後を追ってくるようになった。

引き寄せて、もっと近くにいて、というのではなかった。三十センチほど距離を置き、すすすとついてきた。

他のゾウの方へ行ってみた。彼は、矢張り近くにいた。

年長のゾウ、クマーリの側《そば》へ行き、

「ク、ク、クマーリよ。おはよう。今日はなーにをして、あ、そーぶか」

などと歌いかける。と、カディラは、神妙な顔をして控えていた。

ゾウ使いたちは言った。

「ゾウの前で絶対に座っちゃいかんよ。寝るなんてもってのほかだ」

それは禁忌だと何度も念を押された。

だけど、私とカディラは別だった。私は彼の前脚に脊をもたせかけ、足を前に投げ出して子守唄を歌うのだった。

ぬうっとビジェが

彼は突然、登場した。断りもなしに、堂々と、無言で、ぬうっと。

朝、ゾウの所へ行く。アトゥーラに挨拶し、次にクマーリ。それからたっぷりカディラと付き合う。一人と三匹の関係が出来上がりつつあった。そこへ、ぬうっと登場したのである。エレファントボーイが言った。

「名前は、ビジェだよ。銃弾がまだ肩のあたりに残っているんだ。象牙の密猟者にやられたんだ」

体の大きさから推察すると、カディラと同じくらいの年齢だと思われた。人になぞらえるなら、中学校の一年生ぐらい、難しい年齢に達しようとしていた。

ビジェは、水の中だと積極的にからんできた。まず私が伸ばした手に、鼻を巻きつけて持とうとした。どうかすると、肩の骨がバリバリと音をたて、柔道で逆をとられ、ひねり上げられた形になった。

肩はそのまま医者にも行かず、今になって私は後遺症に苦しんでいる。

水に浸《つ》かって面と向き合う。すると彼は、あの長い鼻を私の首に巻き付けて遊んだ。また、後ろからやってくると、私の頭をくわえ、水に沈めてしまうのも好きだった。

ゾウの口の力は、恐ろしく強くて、力を加えれば、人の頭骨は苦もなく割れてしまう。その実例を知っているだけに、大丈夫かなと思わぬでもなかった。

でも、大型の哺乳動物と付き合う以上、それは越えなければならぬ壁だった。分かっているはずだった。身に染みているはずである。

あの、ヒグマとの四年。

圧倒的な肉の厚み。

命と命が裸で付き合う時、その底に命への〝いたわり〟が在ることを。

絶対の信頼。

そう呼んでいいものがなければ、何も始まらないし、ゾウだって生きものだ。信頼出来て当たり前だ。

でも、おかしい。自分が持っている生きものとしての感性と、どこか食い違うところがある。簡単に言えば、心、だ。心と自分のものとが触れ合わない。

私はひとり言を言った。

「ダメだな。おれ、修行不足だな」

言葉にしたのがよかったのかもしれない。怒りがこみ上げてきて、自分を叱咤《しった》した。

修行不足だと?

何を言う。このマヌケ野郎。

スットコドッコイ。

くそじじいのヒョウタンナマズ!

修行とは、一日一日のタスクをこなすことで、ある技術が獲得出来るものだ。おれのは違うぞ。もっと単純で、鋭利なもの。ズバリと切り込むもの。

すべてを投げ捨てて、やってきたではないか。何をためらう。何がお前を人間世界に引き留めているんだ。

悩むでない! ぶつかるんだ。

私は、ため息をついていた。

ヌウトリアのビジェ、挟み打ち

美しいよ。カディラ。それに体のこの模様。どうして、こうなの。前脚があって、喉の方から波があって、しかもこの皺、深いんだ。

そして、ああ、皺の一つに、おれと同じように、オスの乳首があって……。

ああ、カディラ。さわるよ、もむよ、このあたり、何とやわらかい。爪を立てるぜ。ええ、ピクリとしたな。確かに今、ピクリとしたよ。感じたのかな。どんな気持ちだ。

おい、カディラ。顎の下、やわらかだよ。

えーい、コチョコチョ。何か言え。何か反応しろ。

噛みついた。なめてみた。

どんな反応があるかな、などと考えてではなかった。正直に言うなら、久し振りに会った恋人に抱きついて、やむにやまれぬ気持ちと言おうか。

やあ、カディラ。美しいよ、お前は。

ゾウに対する気持ちが流れ出していた。鼻はしなやかに。脚は太く頑丈に。そして、目。お前の瞳。なんと、なんと、美しい。

私は両掌でゾウをなでた。掌がぴったりと相手にくっついていた。

と、音が！

かすかに。でも確かに。音が。

カディラが発している音だと、私は確信した。

深夜、森の奥に座っている。と、虫でもない、風でもない、森そのものが発する低い声。

低いが確かで、こちらの存在を揺さぶる声。

私はカディラの胸に耳を圧し当てた。

――ぶおーうん、ぶおーうん。

音は確かにしている。

「ああ、この声」

前に聞いたよと目を開いた。ヒグマの声だ。発情がやってきた時の。

カディラが動いた。

私はふり動かされ、前脚をまたぐ感じで、彼の横腹に密着した。

その時だ！

ぬうっと奴が現れた。音もなく、前触れもなく。

ゾウ使いたちは、ゾウのことを、シンハラ語で「アリア」と呼ぶ。これを命令にくっつける。

「ホー（止まれ）アリア」

「ダハ（歩け）アリア」

「ヒッダ（お座り）アリア」

逆も使う。アリア、ホー。アリア、ダハ。このアリアを気分によって省いてしまうこともあった。

ぬうっとアリア。

略して〝ヌウトリア〟だ。その言葉が頭によぎると、私はおかしくなった。ヌウトリアは北米の池や沼にいる小型の動物のことである。

ビジェは、ぬうっと現れ、そのままのスピードで前に進んだ。

私は、ゾウに挟まれた。

半回転した。

サンドイッチになったけれども、怪我はしなかった。

ゾウとの二重生活

実生活が影になってしまった。いつものように生活はしているのだが、今一つ、実感をともなってぴったりこなかった。

朝、レストハウスで目が醒《さ》める。白いサロンを身につけたジェイシンガーが、ベッドに紅茶を運んでくれる。

「グモーニング、ドクター」

枕もとについているテーブルをまわし、その上に紅茶を置いた。黒と言っていいほど濃く煮出した紅茶だ。いつものように砂糖を断り、思いっきり口に含んだ。おいしくは、ある。だが、その先がなかった。初めて飲んだ際には、芳醇《ほうじゅん》な感じがしたものだ。

お茶の後、階下へ降りてゆく。朝ご飯は、南インドのワタラパン。トーストに半熟卵。その上にココナツサンボールをかけて食べる。おいしくは、ある。でも、味が体に染み込んではこなかった。

何と言ったらいいだろうか。誰かが8ミリカメラで撮る。それを、私がぼんやり見ている。そんな感じだった。

レストハウスのマネジャーのジバラトゥナムが庭まで送ってくる。

「夕食、何にする？」

「さあて、チキンはそろそろ、いいかな」

「ふふふ、じゃあ、帰ってからのお楽しみ、にしておこうか。気をつけてね」

「イストゥーティ（有難う）」

広い道に出る。左へと曲がる。両側に椰子がびっしり並んでいる。いつもの場所。人が踏んで出来た道。そこを右へ曲がった。

川があった。ゾウたちがいた。

「やあ、おはよう」

私は、右手を上げる。少年ゾウ使いが、白い歯を見せる。私はそのまま、とんと岩場へジャンプ。

カディラがいた。アトゥーラがいた。上流にかたまり、私を待っているかのようだ。私は、ゾウの群れへと直進した。

クマールが鼻を持ち上げ、水しぶきが顔にかかった。

「おう、冷たいぞ」

感覚が戻っていた。川面のきらめき。梢《こずえ》での風の歌。私は、ゾウの世界に入っていた。

カディラよ。

最愛のゾウに近づく。頭の中が空になる。そして、愛の言葉があふれてくる。

カディラが、低い声でうめいた。私以外、誰一人として聞こえぬ声で。

カディラよ。おう、カディラ。

私は彼の顎の下に入れた掌をすべらせた。

その時だ。

ぬうっと例のゾウが現れた。〝ヌウトリア〟だ。ビジェだ。

そして、私の左足を蹴った。くるぶしの上のあたり。

「痛っ！」

痛いが黙っていた。動物の前では、弱味を見せるのはよくない。私の左足の傷は、ビジェのヤキモチのしるしだった。

動物に嫉妬されるとは、私の一部が、ゾウになっている証拠でもあった。

心と心、ナツが動いた

いわば三角関係。

オスゾウのカディラ。ぬうっと現れる〝ヌウトリア〟のビジェ。それに私。

好き、と嫌い。愛したい、と愛されたい。

さまざまな感情がもつれ合い、三つの存在のあり方が頭の中を支配していた。

私がカディラに話しかける。感情が高ぶってくる。

「好きだよ、愛してるよ」

と、正直に言う。信じていただけるかどうか分からないが、涙があふれてくる。

純粋な愛。

そう呼んでもいいと思う。

動物とヒト。

もともと違った存在だ。でも、余計なものを取っ払っていく。体の大きさ。毛。手足の動き。すると、私の中に赤いかたまりが残る。そのかたまりが呟く。

「愛してるよ」

聞こえるかどうか分からない。伝わるかどうか分からない。だけど、相手にもそのかたまりがあり、二つの魂が響き合う。

私は、そういう瞬間を求め、さぐり、泣きながら旅してきた。ゾウだけではなく、馬や鹿、犬や猫。時にはフクロウを相手にしてきた。心と心が通じ合う瞬間を求めて。

ナツという馬がいた。

北海道浜中の漁師が持っている馬だった。フランス原産のペルシュロンという種類だった。馬格はすぐれ、堂々としていた。

ナツは、小舟からコンブを運ぶ労働をこなしていた。

私は、地元の馬好きに訊《き》いた。

「あれ、秋のレースに出したら、強いのじゃありませんか」

ところが、鼻で笑われた。

「フン。みな、そう思う。だけどよ、あの馬だらダーメ。障害さかかったらよ、へたくれて動かねえ」

何回も出場したという。

ある夏、漁師が水の中に入るトラクターを買った。馬が不要になった。

漁師が言った。

「な、うちの馬さ、買ってくんねえか。この前、相談したらよ、肉値段でしか買わねえと言うのよ。センセエだらよ、もっと色つけて、まねぇ、しかるべき値で買ってくれるんでねえか、そう喋《しやべ》るヒトもいるでよう」

私は、馬格に惚《ほ》れ、言い値で買った。

夏にきたから、ナツと名付けた。

「お前、大きいなあ。胸前の筋肉も申し分なしだ。お前、その気になれば強いだろうな」

秋のレースに出したかった。

荷物をひくケン具をつける。手綱をピンと張り、行け、と励ます。障害の前でピタリと停まった。そうなるとテコでも動かなかった。

私はあきらめなかった。十回、二十回、百回。行け、行ってくれ！

秋のはじめ。空は赤。夕焼けでどす黒くなりかけていた。私は、泣いた。

と、ナツが動いた。障害を越えたのだ。

おれはヒトだ。ゾウじゃない

ビジェに狙われているのは疑いようがなかった。

私の左足にある傷は、日に日に赤黒くなって目立ち始めた。レストハウスのマネジャーであるジバラトゥナムが気付き、

「ドクター。その足、大丈夫か」

と、心配そうに覗き込んだ。

「なあに、大したことはないよ。ぶつけた程度だし、そのうち治るよ」

私は強がりを言った。

内心、かなり心配はしていた。アキレス腱《けん》でも痛めていたらどうしよう。幸い、筋肉が少ない部分だからまだいいが、少し上にずれて、筋肉への打撃だったら、色が変わるくらいではすまされない。

あのヤロウ！〝ヌウトリア〟（ビジェのこと）め。

心の中で毒づいてみるが、顔には笑いがあった。嬉《うれ》しいのである。誰がどう考えても、それはヤキモチだった。

ゾウにヤカれている！

そう思うと、私に弾むような喜びを与えてくれた。ゾウが自分を一つの個体として認めてくれているということである。

タバコ臭い、日本からやってきたチビ。いや、人では、ないかもしれない。

ヤキモチとは、立場が一応対等になったことを示している。

対等!!

人間社会で言うなら、一人前として認めていることである。こんなに嬉しいことが他にあろうか。

私は勇みたっていた。死んでもいい、とさえ思った。というのは、動物のところへ行くのに、私は、インフェリオリティ・コンプレックス（劣等感）を持ち続けていた。自分はヒトだ。どういう因果か、ヒトという動物に進化してしまっている。姿形が、彼らとはまったく違っている。それなのに、彼らと一緒になりたいと切望している。

もともと無理なのだ。一緒になんかなれないのである。それなのに、無理をしても潜り込もうとしているのだから、彼らにとってみれば迷惑じゃないのか。このヤロウ、小うるさいゴミめ。そう叱られても、もっともだと思う。

そこにコンプレックスがある。私の、大きな弱味となっている。

でも、でも、でも……。

どうしても近づきたかった。彼らの心を知りたかった。心と心で会話をしたかった。結ばれてみたいのだ。

馬とは、そんな不思議な体験をした。レースの障害をまったく越えられなかったナツに話しかけ、彼は進んで越えてくれた。相手が大きいだけに、私の感動は激しく、まだ心に残っていた。

ゾウよ、ビジェよ。カディラよ。

私は、ヌウトリアの攻撃をかわすようになっていた。

カディラがいる。ヌウトリアが近くにくる。攻撃を避けるには、カディラの腹の下に潜り込むしかなかった。私は、四つん這《ば》いになり、ゾウの下に潜り込んだ。

ゾウの睾丸

カディラは、十三歳だと信じられていた。

エレファントボーイは、こう説明した。

「十三歳と聞いているよ。野生ゾウとしてここへやってきたのだから、誕生日なんか分からないよ。十四と言われれば十四に思えるし、十五かなあと疑ってみれば、大きさから推して、そうとも思えるしね」

でも、公称十三歳だった。

睾丸が袋に入ってぶら下がっていてくれれば、その発育の具合で、オスとしての能力だって判別できるのだ。しかし、それらは、もっとも体の中に（ゾウの睾丸は体内にある）。

十三歳。丁度、中学生。

私は、ゾウの専門家を自認するミランゴダに訊いてみた。

「ゾウはいくつまで生きますか？」

「人間と同じだよ」

「だったら、人生五十年。ま、そんなものでしょうか？」

「五十年以上生きているゾウは、めったにいないな。十五か十六で春を迎えるのさ。そこで交尾をすれば、二年後の十七か十八で赤ん坊を産むことになる」

ゾウの妊娠期間は長く、約二年かかると言われている。

しかし、それは野生状態での知識であり、飼育下では、かなり違ってくるはずである。

犬や猫も同じで、一年ちょっとで、いきなり発情がきて驚かされたりする。

睾丸とくれば、男性ホルモン、テストステロンの分泌をまず考えなければならない。

「ああ、ゾウのタマタマをぎゅっと握ってみたいなぁ。どうして袋に入れて、ぶら下げていてくれないのか」

私がボヤくと、イギリス人の人類学者で、親友のジェルミ君が言った。

「動物の進化は、いろいろだからね。住んでいる環境に合わせて、とんでもない方向に進化し、定着してしまう」

「あ、そうか」

ピンときた。環境とは、うまいことを言うものだ。

そうか!!

ここは南の国だ。雨季と乾季がある。

ここで、ゾウの体を触りまくった経験が役に立った。

乾季、太陽が照りつける。

脊は熱くなっている。別に温度計で測ったわけではないが、またがって、「おっ、熱いな」と呟きたくなるほど熱がたまっている。

雨季、雨から雨。

ゾウの脊は、びっくりするほど冷たくなっている。それが二ヶ月も続くとなると、ゾウの生理にも関係してくるはずだ。

血管の分布はどうなっているのだろう。

私は、ゾウを解剖したくなった。

私は、いつものように、ビジェに追われて、カディラの下に潜り込んだ。

と、かたい棒が頭上にあった。それは、ゾウのペニスだった。

カディラのニラ　性の急所

ゾウの体には、「ニラ」と呼ばれる敏感な部分がある。ニラ――。分かりやすく、俗に言うなら急所である。

たとえば、ゾウを寝かせる。その急所、ニラは脊の後ろのほうにある。ゾウ使いたちは、そのニラを使って、ゾウを動かす。

ミランゴダは、「一体いくつぐらいニラはあるのか」という私の質問に、

「二百かなぁ。三百かなぁ。数えたことはないけれども、私が実際にゾウに向かって、使うニラは百ぐらいかなぁ」

と、答えてくれた。

「ぜひ、ぜひ、そのニラを教えてください」

私が懇願すると、「特別だよ。誰にも教えるんじゃないよ」と言った。氏によると、ニラの知識は、一子相伝というか、ゾウ使いがたった一人に伝えるものだという。親から子へと伝えられるのである。氏は、ニラを押し、ゾウを横にした。

「おすわり。寝ろ！」

と叫ぶのは、アマチュアだと鼻で笑った。鼻を高く上げるニラ。前脚を上げるニラ。下ろすニラ。

「ま、このくらいにしておこう。すべてを教えるわけにはいかないんだ。な、分かってくれよ。分かるだろう」

と、氏はしぶしぶ言った。

私は、ゾウの前脚を触ってみた。特別に柔らかい部分があるわけじゃなかった。だけども、教えてもらった所を指先が通過すると、それだけでゾウは脚を上げた。ニラ。

不思議きわまりないものである。ゾウの皮膚は硬く、部厚い。だからこそ、一点に神経が集中し、敏感になっているのだろうか。氏はこうも言った。

「このような知識は、インドのアッサムで発見されたんだ。君がサンスクリットを読めるなら、見せてあげてもいいんだけどね」

ヤシ本というのがある。ニッパヤシの葉をもぎ、その表面に鉛筆で字を書くのである。その傷に、たき火のすすを塗り込めば、五百年、千年は持つという。

後に私は、スリランカの都市コロンボにある小道具屋をあさり、ニラについて絵が描かれているヤシ本を手に入れた。けれども、サンスクリットは一文字だって読めず、しばらくは宝の持ち腐れになった。

さて、私はカディラにかかりっ切りだった。

毎日、出かける。そして名を呼び、好きだよ、愛しているよ、と心の底から言った。

ビジェがくる。私はカディラの腹の下に潜り込んだ。

「うー、うー、うー」

カディラが低く啼いた。私だけにしか聞こえない、低い声で。

私の脊とカディラの腹。こすれ合っている。

突然、私はピンときた。

「何てことだ。おれ、カディラの性の急所を触っているんじゃないだろうか」

性のニラだってあるはずだ。

私はゾウの腹の下で、複雑な心境になった。

カディラとの恋

私は次第に無口になった。

夕食。ご飯とカレーを指で混ぜる。それをすくい取り、親指で口の中へ軽くはねとばす。

普段は饒舌《じょうぜつ》である。何かと話題を見つけ、しゃべりまくっている。

ところが、しゃべる気になれなかった。

レストハウスのマネジャー、ジバラトゥナムが顔を出して訊く。

「ドクター。何かあったの？」

「いいや、別に」

「そうかなぁ。やけに静かじゃないか」

「ははは、おかしいかな」

「おかしかないけど、何かあったら言ってよ。ドクターがしいんとしていると、心配になるからな」

ジバラトゥナムは親切だった。

満足していた。というか、満ち足りていた。いや、ちょっと違う。熱に浮かされている

感じ。ぼうっとしている。ジバが作ってくれるカレーだって、

「うん。これはうまい！　セイロンの味。カレーはこうじゃなくちゃ」

と、一口頬張るごとに、前のテーブルを叩きたくなる。そんな感情が消えていた。

何だい、これは？

おれ、恋をしているのだろうか。カディラの熱情にあてられ、ふらふらになっているのだろうか。待てよ。お前は人間だ。

いくら何でも、ヒトがゾウに恋するわけがないじゃないか。でもさ、おれ、言うよ。

「カディラ。きれいだよ。好きだよ。アイ・ラブ・ユー」

言っているうちに、自分の中で疑似恋愛というか、何かの変化が起こっているのではあるまいか。

朝、ゾウの所へ行く。カディラが私の首に、あの長い鼻を巻き付ける。私は、全身の力を抜く。カディラが手もとへ引き寄せる。

「おう、おはよう。アユボワン（シンハラ語の挨拶）。元気だったか、よく寝たか？」

私は彼の胸に寄りかかった。

う、うーん、うーん。一種表現しようがない音が伝わってくる。

「カディラよ、カディラ」

私は感激している。うっすら涙ぐんでいるのが自分で分かる。

あのヌウトリア、ヤキモチ焼きのビジェは、寄ってこなくなっていた。

彼が大きな体を揺する。

「うん、行きたいのか」

上流へ歩き始めた。

一頭と一人。二人だけの世界。

これって恋人同士かな。

カディラが砂浜に立った。

私は、その前に座った。前脚に脊をもたせかけた。

上から、長い鼻が伸びてきた。

それは、ゾウ商人のサムサマラシンゲが、ゾウの前で絶対に取ってはいけないという姿勢だった。

私は歌った。『知床旅情』。

カディラは、鼻を私の口に近づけ、その歌を聞いている。

性の不思議　メスの目ぢから

カディラの腹の下。それを屈辱だと感じる人もいるかもしれない。だが、私はとっくにそういう感覚からは卒業していた。

動物と暮らすには、いろんな場面を経験しなければならない。シカのオスに乗られたり、ブタに組みしかれたりした。そういうとき、ようしよし、と笑っていられなければならない。

オスとメスの恋の立て引きになったりすると、何がどうなるか分からぬことが多かった。ある日、いきなりある方向を向かせられる。そして、奇妙なものを押しつけられたりした。何をしてもいいんだよ、と私は思い続けていた。しかし、一つだけ、どうにもならないことがあった。それは、私が人という種類のオスであり、相手が動物のオスだったら、オスのものを受け入れることが出来ないことだった。どう考えたって、努力したって、それは無理だ。不可能だ。

　若い頃、私は研究室で、健全な精子をどうやったら取り出せるか悩んでいたことがある。オスがいたとする。繁殖に使えるようになるには、体と心が成熟しなければならない。男性ホルモン、テストステロンの働きによって、第一次性徴の発育が十全でなければならぬ。そこへ、発情期がやってくる。気分がもやもやし、落ち着きがなくなる。

メスが分泌するフェロモンを嗅ぐせいだと言う人もいる。

　後に私は、馬の性で苦労したことがあった。馬は、交尾をさせて子供をとる。普通は、メスを固定しておく。

　メスに、いい発情がきていなければならないのだが、経験を積めば分かるようになる。まず、外陰部が少し膨潤してくる。次に、ライトシングというが、大陰唇がピクピクと開閉するようになる。と同時に、少量の尿が出てきて、ピュッ、ピュッとまき散らされるようになる。

　顕微鏡で、バギナ（膣）の上皮の変化を見ると間違いがない。これをバジャイナスミアというが、例えばネズミだったら、綿棒をバギナの中に差し込み、くるくると回転させる。すると、バギナの壁の部分の変化が、綿にくっついてくる。

　原理は、シカでも犬でも同じである。馬だって同じで、いい発情がきているメスをワク場に固定する。そこへオスを持っていく。オスに、バギナを十分に嗅がせる。すると、交尾行動が表に出てくる。自分から、メスの上に乗ろうとする。

ところがあるとき、とんでもない老いた馬を手に入れた。馬術団に使われていたオスだった。人の歳《とし》に直せば、七十くらいになっていたろう。そして、なんと童貞だった。

いい馬だったから、何としても子が欲しかった。メスを固定し、バギナを嗅がした。何度試みても、反応なし。

私は、ありとあらゆることを試みた。睾丸の近辺を優しく触ったり、ペニスを揉んだりした。でも駄目だった。そして、最後にメス馬の目を近づけた。見つめさせると、ペニスがぐんぐん大きくなった。

カディラとのディープキス

滞在の日数が少なくなっていた。はじめ百日を予定していて、その間の体をあけるように努力した。その予定も、あと十日ばかりになりつつあった。

私は、黙り込むようになり、夕食の後など、

「帰りたくないなぁ。何とかして、あと一年おれないかな」

と、呟くようになった。

ゾウとの生活は、夢のようであり、今考えると、よくぞ体が持ったものだと思う。

誰にも言わなかったことだが、私の両肩はダメになっていた。今でもそうだ。スーツケースを持ち上げられなくなっていた。ゾウに鼻で巻き上げられ、逆を取られた形になったことがあり、腕をぐるぐるまわすと、肩の中で、ゴチゴチゴッキンと音がする。

カディラに会う。すると彼は、鼻を伸ばしてきて、私の頭を嗅ぐ。次に胸、それから股

間。私は、医者の所へ行って、聴診器を当てられたような感じがしていた。次に鼻で私の首を巻いて引き寄せる。私は、体中の力を抜き、ふわりとカディラのそばへ行く。

両手を挙げる。彼の顔を掌で挟み、指で細かく愛撫しながら言う。

「よう、カディラか。どうした。元気よさそうだね。おいしいものを貰ったか。好きだよ。好きだとも。お前は、美しいよ」

そう言いつつ、下唇を力を込めて揉む。と、声がする。

——うっ。うーん、うーん。

私だけに聞こえる声だ。

「いい子だね。ようし、よしよし」

私がそう言うと、カディラは前に突き出す感じで口を開けた。

ゾウの口。中には、白っぽい舌がある。舌の先がとがる感じで、その奥がふくらんだ感じで持ち上がる。

キスの要求だった。

私は、口の中に頭を入れる。舌を、ぱくりとくわえる。思い切って吸う。

パクパク。チュウチュウ。

長い時間がたつ。どのくらいか、何分間のキスかと思うこともあったが、とにかく夢中でやらねばならぬ。人間とどうだこうだと、なぞらえたりしてはいけない。ひたすら「好きだよ」と思わねばならぬ。その気持ちをなくせば、カディラは許してはくれないだろう。

私は、いろんな動物に舐められたし、いわゆるディープキスをしてきた。

犬なんか、ひとたび許せば、いつまでもやめようとしないものだ。もういい、そんなに舐めたいのなら、好きにせい。私は相手の気のすむまで舐めさせた。

たいてい吐き気がしてきた。

ゾウは、いつやめるのか。

舌を抜いた。体をぶるっとふるわせた。

そうしておいて、私の腕に鼻を巻く。

「おい、痛い。イタタタ……」

カディラは、私を持ち上げる。

得意そうな目。

彼のよろこびの表現であることは間違いなかった。かくて、両肩がボロボロになった。

カディラの童貞

こいつ、一つ階段を登りやがって。

と、私は胸のうちで呟いた。

それは直感だった。私にしか分からない思い込みかもしれない。でも、分かる。くっきり分かる。恋人同士で分かるもの。そうなんだ。若い頃がそうだったじゃないか。指と指が触れ合うだけで、相手の心の底まで分かると感じたじゃないか。

ゾウのカディラが横にいた。

他のゾウたちもいる。頭を巡らすと、クマーリがいた。ビジェも、アトゥーラもいた。けれども、それは気にならなかった。どこか、遠くへ行っている。日の光。川の流れ。

私は立っていた。

いい気候だった。暑くもなし、寒くもない。

「これぞ、人が住む温度だね」

と、同行した友人と話し合ったばかりだった。そよ風が水面を圧しながら吹き過ぎていく。そよ風が、そよ風だ。

――どうして、そんなにやさしいのか。

と、私は天に語りかけた。

裸である。パンツだけは、何とか身につけている。でも、寒くはなかった。

――剝きだしの魂！

と、呟いた。すぐに、カッコつけやがってと自嘲し、カディラの腹を撫でた。

「そうか。お前、ついに目覚めたのか」

うつむいて、呟いた。

カディラは童貞だ。それだけは確信出来る。ジャングルで怪我をし、ここへ送られ、のんびり生活し、今、春を迎えている。

童貞。

動物は、その手前でためらう。その逡巡《しゅんじゅん》をこれまで、幾度経験してきたことか。

童貞を失うこと。いや、失うのじゃないぞ。はっきりと言えば、オスがメスのバギナの中に自分の一部を挿入すること。

その決心！

そして実行。

人によっては、何でもないことかもしれない。長い人生の、一瞬でめくれる一ページにしかすぎないかも分からない。しかし、動物は違う。明らかに違う。

階段を一つ登るだけなのに、と受け止めるのは間違いだと私は考えていた。一つ。一つには違いない。目を閉じる。これまで、幾多の階段を登ってきた。ヒンズー寺院の石段。今泊まっているホテルの階段。

違う。違う!

私は首を振った。

もっと暗くて、意識の中にだけあって、登った先がどうなるものかも分からない。しかし、登らねばならない。そう体の細胞の一つ一つが願っている。

カディラは、体を圧しつけてきた。

「ようし、よし、よし」

耐えてやる。圧し返す。

私はチラとカディラの下腹部を見た。

例のものが伸びていた。長くて、先っぽが生々しい色をしていた。そろそろ覚悟しなければ、と思った。

カディラの求愛

カディラは頭を下げ、目と目の間で私の脊を押した。すごい力だ。私は宙に浮く感じがした。

「どうしたんだい。どこかに行きたいのか」

私は声に出して言った。相手は答えるわけがない。やがて彼は、鼻を使った。あの巨大な鼻を、私の股の間に入れてぐいと押してくる。

「よしよし、よし行くか」

と、私は歩いた。動物の言いなりになるのは慣れていた。体に力を入れず、彼の要求を受け入れて、とことこ歩いた。

川は急に細くなっていた。こちら側の岸が平たくなり、白い砂地になっている。

どうしたいんだ。まだか？

立ち止まってみる。と、彼が頭を下げてぐいと押した。

ゾウたちは下流の川のふくらみにいた。そこでは流れが緩やかになり、浅くなっていた。ゾウを水遊びさせるために、毎日そこへ連れてくるのである。

ヒンディワ（調教用の棒）を持ったエレファントボーイたちが、何かを言った。多分、遠くへ行っちゃいけないよ、とか言ったのだろう。しかし、誰も止めにはこなかった。カディラが私のことを好きであるのを知っていて、ええい、勝手にせいと思っているのかもしれなかった。

私は歩いた。自然に歌が出た。

〽知床の岬に　はまなすの咲くころ

カディラが止まった。鼻で体をさわりまくった。

奴め、聞いてるな。

そう感じて、砂地に腰を下ろした。

〽別れの日は来た

〽私を泣かすな　白いかもめよ　白いかもめよ

歌い続けた。ゾウは、私の後ろにいる。

何でもいい。口から出まかせだ。

すると、鼻が、私の腕の下に入ってきた。ぐい、とすごい力で引き上げられていた。

「どうしたい。おい、カディラ」

私は立った。

そこへ、彼が乗ってきた。

しまった、と後悔した。ぞっとした。両方の前脚が横に見えた。

つぶされる！

と、身震いした。しかし、縦への重さは感じなかった。

痛い。痛っ痛い!!

前脚で、私の肩をしっかり挟んでいた。

重くはなかった。

何しろ、ゾウの重さである。つぶされて腰を痛めるか、脊骨が折れるか、大変なことになるだろうと思っていたのだが、体を締め付けられる痛さだけだった。

脊を何かが撫でている。

ペニスだ。

と、直感した。私は抱きすくめられ、ペニスの収まり場所がないか、カディラに探られているのだった。その長い棒状のモノが、牛や馬のモノと違って、まるでゾウの鼻みたいに、自由にうごめくのを私は感じていた。

第三章

動物たちの性研究

わが友、ヤマちゃん

動物の交尾について、根掘り葉掘りヤマちゃんが聞きたがるようになったのは、五十歳を超える頃だった。

へーえ、犬はどう、ふうん豚はどうするのと、熱心なことだった。

ここで、少しヤマちゃんについて説明しておかねばならない。彼は、身長が私と同じくらい。一メートル六十センチそこそこである。鼻下にひげを蓄えているが、上唇の少し上は幅が六ミリぐらいのひげが、左から右へと伸びている。そうだ、筆先で唇の上に一本線を引いた感じである。そのひげは、細面でひょろ長い感じがする彼の顔に、バランスを与えていもするし、好色そうな印象を与えているのも事実である。

彼は、ブラジルのサンパウロに住んでいる。大変商売がうまいらしく、大きな商事会社を持ち、金回りは非常によろしい。不動産を手広く扱っていて、いろいろ運のいいことが重なり、何かことが起こると、彼の会社は大きくなった。

きれいな奥さんがいた。だが、四十五歳になった頃、心臓を悪くして亡くなっている。私は、彼と付き合いが古く、何度か家に遊びに行き、奥さんが元気な時もよく知っている。

彼の友人たちは、口を揃えて言う。

「ヤマちゃんはね、変わっちまったな。奥さんがいた時と、亡くした後からでは、ガラリとね。まるで人が変わっちまったみたいだよ。奥さんがいた時は、〝石部《いしべ》金吉《きんきち》〟で仕事、仕事、仕事とひたすら働いていたもんだよ。なに、いま？　それを聞くかい!?　いまだったら、夜の帝王だよ。何しろ金があるからね。女遊びの方は相当なものだよ」

彼とは、何となく気が合った。サンパウロにいる間、何度も彼とは会う。私がゴルフを始めたのも手伝って、滞在中、必ず一度はラウンドに一緒に出た。

その彼は、自分で「キス魔」と名乗るほど、キスが好きである。

ブラジルだったら、取り立ててキスが好きだと言わなくても、キスの本場だと言ってもいいほど、ためらいなしにキスをする。ところが、一つだけネックがある。性を商売にしている女性には、キスをしたがらないことが間々あるのである。これは、昔からそうだった。下の口の方は、ゴムなどで病気が防げるけども、上の口の方からは、病菌に容易に感染するというわけだ。

ヤマちゃんは言う。

「僕なんか、キスをしていないと、イカないんだ。でもさ、すらりとしたモデルさん、ヤッたことあるんだけど、僕でもキス出来るのよ。ちゃんと届くのだものね。人間の体って、うまく出来ていると思うよ」

「女性が唇を赤く塗るのって、あれはセックスアピールの一つだものね」

「そうそう。最近は黒く塗るのもいるけどね。でも、動物って後背位が多くて、僕みたいなのはいないんでしょう」

「ま、言えてますね」

ヤマちゃんとは性の会話が続いていく。

ムール貝の風呂

午後三時を過ぎた。量り売りのレストラン、ポルキロでのことだ。料理を並べている場所は、人影がまばらになっていた。

ヤマちゃんは立っていき、肉の類を皿にどっさり盛った。私はニンニク漬けのオリーブをスプーンですくった。この店のオリーブは私の好物だった。

野菜。ゆで卵。目についた物を皿に取り、計量してもらった。

二人、席に戻った。ヤマちゃんが食べ始める。フォークとスプーンをせわしなく上下させ、いろんな料理を口に放り込む。見ているだけで、痛快きわまりなく、こちらの口も釣られて動いたりする。

「すっかりブラジル人だねぇ」

と、私はため息交じりに言った。

「なにが？　え、何がブラジルなの⁉」

ヤマちゃんは不思議そうに聞いてきた。

「だって、昼がっちりだもの。有名なシュラスカリア（焼肉店）だって、夜より、昼の方が混んでいるじゃん。昼をしっかり食べて、夜はあっさり、それがブラジル人」

「なあるほど。それは言えるかもね」

「さっきの続きだけどね。精子と卵子。詳しく調べてみると、これが大変。オスとメスが出来て、メスに精子を渡すだけ、簡単だろうと思うけど、なかなか、これが大変」

私は、オリーブの実を一つ取った。新しい皿の上に置く。そして米粒を一つ。

「そうれ、この米粒を精子、オリーブを卵子とすると、この精子が卵の中に入る、それが本当の受精」

「卵を突き破るわけだ」

「正解。顕微鏡があれば、見せてあげられるのにね。精子の頭が割れ、中から槍状のものが出て、卵にぐさり。これはね、『先体反応』と呼ばれ、僕が学生の頃、発見され、皆、ほうっと感心し、眺めたものだよ。あ、いいのがある。このムール貝。精子の先体反応は見事なものだよ」

「ムツさん、見たんだ！」

「もちろん」

「それはそうだよね。動物学を研究したんだものね」

「ムールにも、オスとメスがいる。これに卵を産ませるには、お風呂を用意するのさ。ビーカーに入れた海水を、人肌ぐらいに温めておき、中にムールを入れる」

「へーえ、ムールが気持ちよくなって歌い出すのか。あら、えっさっさぁ——なんてね」

「もともとムールは潮だまりにいて、太陽に温められているからね。受精させるには、ビーカーに入れたムールを取り出し、今度は冷たい海水に入れる」

「のぼせちゃ、いけないよと」

「つまり、海の水が満ちてきたわけ。沖からの冷たい水がどっとやってくる。それが刺激になって、貝は雲のように、精子や卵子を吐き出すからね」

「んー、風呂の中でやるといいと言われるけど、おれ、好きじゃない」

それとこれは、別ものである。

死の抱擁

豚の皮を細かく切り、油でからっと揚げた名物料理を、指でつまんで口に運んだ。奥歯で噛みしめると、健康な音が響く。

小骨を噛み砕くようなその音に合わせて、ヤマちゃんのきれいに刈り込まれたひげが、ぴくんぴくんとはねるのがおかしかった。

私は皿の上にオリーブを一つ転がしている。そのまわりに、米粒をばらまいた。

卵子のまわりの精子というところ。

「ね、すごいよね。体外受精の場合、体の外に吐き出されるのよ。ウニもアワビもそうだけど、広漠とした世界に、一ミリの十分の一以下の小さなものが漂い、やがて出会って、生命が誕生するんだものね。ね、ね、これってすごいロマンだと思わない?」

「そうだね。でも、体格差のほうが気になるなあ」

と、ヤマちゃんは、ナプキンで口をぬぐい、煙草に火をつけた。

「人の場合、ほらよく言うじゃない。ノミの夫婦なんて」

「女が大きくって、男がチビみたいな」

「仲がいいものね。実際のノミも、メスのほうがオスよりずっと大きい」

「ガバガバで、ね。よくあれで一緒にいるもんだなんてね」

「それは失礼だよ。人の性器なんて、そんなものじゃないよ。ははは、これはヤマちゃん、あなたの専門じゃないか。愛し合って抱き合うと、片方がくるみ、もう片方が大きくなるものだよ」

「ふん、ほん、ほん」

ヤマちゃんは変な声を出した。

「融通がきかない場合もある。例えば、カエル。カエルは繁殖期には、オスとメスがきちんと抱き合う。この時期にはね、オスの前脚、親指のつけ根には、ざらざらとしたでっかいタコみたいなものが出来てさ、こういう具合にして、メスに前脚をまわすと、絶対に外れないぐらい力が加わるようになっている。すごい力だよ。

オスにさ、自分のこぶしを抱かせてごらん。手にタコの跡がくっきりと赤くつくほどだもの。それでもって、食用ガエルにヒキガエルが抱きつくことがあるのよ。食用ガエルは、ヒキガエルより大きいから、ぐいぐい締め付けられてしまう」

「ほん、そんなのも、いいかも」

「とんでもない。食用ガエルは、呼吸出来なくなって死んでしまうのよ。本来、一緒にはいない動物だものね。誰かが、こっそり放してしまったんだ。今、いろんな動物が生きたまま輸入されて飼われているけれど、よくないね。こういう悲劇を起こしてしまうから。

それに、地球温暖化。動物にとっては大変だよ」

「うーん、おちおちセックスもしておられないのね」

「そうよ。ものによっては乗り越えられるけれどもね」

私も煙草が欲しくなっている。

馬の知恵

ポルキロでヤマちゃんと話し続けていた。

ヤマちゃんは、席を立ち、大きな皿に白いご飯を山盛りにして戻ってきた。そして照れ、「何年ここにいたって、矢張り白メシがいいんだものね」と言い訳をした。

私も立ち、入り口近くにあるレジまで行き、「何かこう書くもの。白い紙か何かあると有り難いんだが」

と、ポケットから札を出し、ガラスの上に滑らせた。レジの女性は、ハイヨと答え、電話のメモに使う用紙を音を立ててはがして差し出した。

体格差のある動物の交尾に、多分、ヤマちゃんは興味を持っていると思ったので、

「動物の大きさというのはね、ほら、今流行《はや》りのDNAによって決められているのさ。だから、一トンの馬から百トンの馬は生まれてこない」

「人間だってあるよね、体格差は」

「あるね。ニコライ・ゴーゴリの小説だかに、向こうが見えないくらい大きな、そして肥《ふと》った女性と結婚する男の話が出てくる。その男、不幸にも、その女性を亡くしてしまう。すると、ベッドを叩いて悲しむんだ。

　おれのふかふかの布団、もういない。あいつにくるまれて寝る夜が、どんなに心地よかったかと」

「へへへ。おれならバックがいいな。後ろからだと、相手が大きくてもたいてい大丈夫」

「馬もね、実にウマい方法を使うよ。今ではさ、交尾の際、人がつきっきりで世話をするけどね。おれの所では、広い場所に放牧していたんだ。それでも大丈夫。オス馬って辛抱強く、メスを動かしてだね、斜面を使うのよ。小声で、ブヒブヒと嘶いてね、やさしくやさしく動かすのよ。相手が大きかったら斜面の下へ、小さかったら斜面の上へ追うんだ」

「オスが大きかったら、子供も大きくて、メスは産むのが大変じゃない？　大難産になって、場合によっては死ぬかもしれないし」

「ノー、ノー。そこはよくできたもので、メスには、『八割の法則』というのがある。大きさは、自分が持っている大きさの遺伝子の八割が働くというんだよ。ま、そうは言うけど、難産はあるけどね。おれ、好きでね。難産と聞くと勇み立ち、胎児の脚を揃えて引っ張り出すのよ。これまで、すべて正解だった。無事に引っ張り出したねぇ。面白いよ。膣がこんなに大きくなってね」

私は身振りで示した。さらに話を続ける。

「でもさ、子馬が出てくるじゃない。すると、すぐその後に入りたくなる。足から入ってさ、頭だけを出してさ、煙草をぷかーっとやるのさ。これは気持ちいいよ」

お腹も一杯になってきた。

亜種はサイズで

果物《フルツタ》だね、フルッタ、フルッタと言いながら、ヤマちゃんは席を立った。

ブラジルは、広く大きい。だから、どこかで何かの果物が旬を迎えていた。スイカなどは一年中、どこかで取れている。

私はアマゾンのクプアスという果物が大好きである。カカオの仲間で、大きさもカカオぐらい。コクがあり、これぞ南国という味をしている。

〝アマゾンの秘果〟

と名付けているが、病気があるとかで、アマゾンから持ち出し禁止になっているのが大変残念である。

しかし、クプアスがなくても、果物の類は非常においしい。「果物の天国」と言ってもいいくらいである。

いろんな国から移民がやってくる。すると故郷の味が忘れられなくなり、取り寄せて栽培するのである。

たとえば、柿。品種改良される前の、古い時代の柿が今でも食べられている。「Caqui-Japanese」と記されて並んでいる。私などは、日本ではすでになくなっている味だから、ブラジル柿はよく食べる。

ヤマちゃんは、皿に山盛りにしてフルーツを持ってきた。パパイアの大きなものも乗っかっていた。これは、古いタイプのパパイアである。ハワイ種が入ってきてからは、人気がなくなっていたが、最近、盛り返している。昔からあったものは、ここでは、「マモン」と呼ばれている。

私は言った。

「そのパパイアは、味で選ばれ、小さいものが人気になったけれど、大体動物というものは、種類が同じだと、北へ行くほど体が大きくなる」

「ははあ、アフリカのピグミーと、ノルウェーの白人みたいに」

「あ、そうか。それは気がつかなかったけれど、たとえばクマだと、本州にいるツキノワグマと北海道のヒグマとでは、大きさがかなり違っている」

「アイヌと本州の日本人とでは、あまり差がないね」

「体の大きさの違いで、タヌキなどは、エゾダヌキとホンドタヌキと言うように、一応、別の種類と見なしているんだ」

「どのくらい違うの？」

「かなり。一まわり、いや二まわりかな。エゾダヌキのほうが大きいよ」

「昔、満州へ行った人によると、一匹獲れれば、一家で食えると言っていたものね」

「これが交尾する時、オスはメスの首を嚙むのさ。これは、体の長さを一定にするため、必要なことだけどね。猫もそうするよ」

「そして……」

ヤマちゃんは先を促した。私は小さなライチを一つ取り、これがオスと言い、次にモモをメスと言って上に乗せた。オスのものは、下方へ届かない。ころんと落ちる。

「これもね、亜種が守られている秘密なんだ」

パンダの交尾

ポルキロでのヤマちゃんとの昼食は、まだ終わりそうにもなかった。矢張り彼は、すてきな好奇心を持つ人間である。彼が動物の性器の大きさの話にこだわるので、ようし次は割り箸、次はタリアテッレ（パスタの一種）、サルシッチャ（ソーセージのようなもの）と、比率を分かりやすく説明するために、こちらもアイデアを出した。それで気付いた。百以上の料理が並ぶポルキロという空間は、説明に流用できる食材の宝庫であった。私は、自分が教える専門学校の生徒を連れてきたかった。

ヤマちゃんが訊いた。

「学校で教えているって？」

「五校ばかり専門学校で。これがね、すばらしい生徒たちなんだ。ぼくは、行って話をするたびにすっきりし、こんなに真剣に話を聞く生徒たちがいるんだと、逆に感動するんだよ」

これは、本当の話だ。専門学校の授業がある日には、私はいそいそ出かける。

ヤマちゃんが、ソーセージを二本、ごろんと落とした。

「これ、パンダ。パンダが二頭いるとする。例のカギと、カギ穴だったら、どうなるの？」

私はナイフで、同じ長さにサックリ切った。そのひとつの後方に楊枝をさしてペニスに見立て、いたずら心で、割れ目もこしらえた。

「パンダは出会ってすぐに交尾が始まるのか」

ヤマちゃんは目を光らせた。

「違う、違う。のる、やるっていうことではなく、そんなに単純じゃないんだ。日本みたいに頭数が少ないと大変なことがあるんだけど、もともと動物にだって恋はある。もちろん、人間の恋とはちょっと違ったものだけどね。大目的はいい子をつくること。パンダはナワバリを持っているし、そのナワバリの中で、一頭だけで生きている。ところが、恋の季節、目がトローンとしてくる。メスは、誰かいい人を摑まえたいと思うんだ」

「日本にあったけな、コーイの季節って歌が」

「その季節、膣が潤んでくる。いろいろあるみたいだね。ここを触るとこう、なんてね。肝心なのは、メスはオスを一匹だけで呼ばないことだよ。胸を低くして地面につけ、口をすぼめ、上を向いて、そうだね、メエーに近いかな、啼くんだ。メスの啼き声は沢沿いに広がり、ひっそりと暮らしていたオスの心に火をつけるんだ。天下の偉丈夫だってね」

「見てきたみたいじゃないか」

「実際に行ったのよ。中国・四川にある研究所と、野生のパンダが住む山に。中国の研究生たちは、メエーの声を録音していてね。デカい声でパンダたちが逞《たくま》しく誘いあっていたよ」

「それでやっと、交尾」

「ノン、ノン。そう簡単じゃないよ。貞操帯を外さないと」

「あるの、パンダに貞操帯が」

「尻尾だけどね。真後ろにダランとしていると、ヤレないわけ。あるところを触ると尾は自動的に横を向くのさ」

二つのカギ穴 微妙な関係

動物の肛門について話が及ぶと、ヤマちゃんの目がぎらりと光った。そして、鋭く切り込んでくる。人とのセックスで、さては何かあったなと、私は妙な勘ぐりをしてしまった。

私は、笑いを含んで話題を変えた。

「ヤマちゃんさ、ネズミは交尾が終わった後、栓をするのを知っているかい？」

「センって、つまり、交尾をした後、フタをするって意味？」

「ははは、さすが！　シタからセンありとね」

「センって、栓の意味でしょう。おれがヤッたから、ほかのオスは近づくんじゃないよってか。分かりやすいよね」

「会社の研究室でネズミを飼っていたんだけど、ある日、気がついたら、ほとんどのメスがヤラれていたんだ。尾を持って、その部分を調べたら、みんな白い栓がしてあった。研究室のすぐ裏手に、ドブ川があったから、そこからドブネズミが侵入したものらしかった。栓も、白くて、かたくて、大きめで、しっかりしていたなあ。ふてぶてしいぐらい、立派な栓だったよ」

「それじゃなんだね。オスがヤッた後に栓をしたら、これはもう、栓をしたオスの子ができるってことだよね」

「ところが、どっこい」

「え、栓をしても〝詮ない〟ことなの？」

「この白い膣栓を歯と爪で剝がしてだよ、それでもう一度、新しい栓を注入するネズミもいるらしいんだ。これは、アメリカでの報告だけどね」

私が会社で飼っていたネズミは、どれも百発百中、ドブネズミの子だった。胸に白い混ざり毛があった。四肢の先が白。それから尾の先も白くなっていた。

ドブネズミの精力は強大で、百パーセント妊娠させ、どのメスからも、よく太った立派な子がとれた。

私はヤマちゃんに言った。

「メスの後ろには、膣と肛門、カギ穴が二つあるよね。オスが持つカギは一つだけど、このカギは伸縮自在で優秀だもんね。ね、一つは上、一つは下と、二つのカギ穴があるよね。どうして間違えないと思う？　ね、こんなこと、あんまり考える者はいないから、どんな教科書にも、どうして間違えないか、などとは書いていない」

「ムツさん、いつも言うよな。動物は目で確認するわけじゃないし、手を添えるわけじゃない。それでも、ドブネズミみたいに百発百中！」

「まずは発情期。膣は湿り気を帯び、中に入ってくるものを、積極的に呼び込もうとする」

「またあ」

「嘘じゃないよ。引き込む力が働くのも事実なんだ。人は、知らないよ。これは動物の場合」

それから私は、手の平を下にしてこぶしを前に突き出した。そして、手首をカクリと曲げた。指のつけ根、肛門に当たる部分は、筋肉の特質上、カギ穴は締まる。そして指先へ行く方のカギ穴は、開くことになる。

第四章　オオカミに魅了された理由

オオカミよ、神の子たちよ

私はオオカミに惚れている。愛していると言ってもいい。自分の全存在をかけても、と断言出来る。

いつから自分がそうなったか、などとは問わない。人によっては、それを探りださねば気が済まない。子供の頃、家にオオカミの雑種と思われる黒い犬がいたせいだと、ルーツを探し当て、ほっとしたりする。私もそうであれば、そうでもいいやと、適当に頷《うなず》いたりする。

だが、違う。そうじゃないと、心のどこかで思っているから。

孤高の血。

広野をひとり生きる。風雲にさらされ、自分を失わない。しかし、心の中は、熱く煮えたぎっている。この世に孤高などという生き物はあり得ないと、その目の輝きが語っている。

オオカミは磁石だ。見ると吸いつけられる。その場から離れられなくなる。

最初は、アンカレジの動物園だった。オオカミの囲いの側から離れられなくなった。

何日もいた。

オオカミは子供を持っていた。それぐらい見るだけで分かった。そこへ係の女性がやってきた。残念ながら名前を忘れた。でも、短い文章にした記憶があるので、昔、書いたものを探せば見つかるかもしれない。

鮮明に記憶しているのは、彼女に肩を叩かれ、木陰に連れて行かれ、二人で話し込んだことだ。彼女は言った。

「あなたが特別な人だとは、よく分かります。動物とのキャリアについて、私に教えてください。私は、知りたい」

そして、囲いの中に入る許可をくれたのだった。

彼女は、美人だった。私のタイプだった。短髪。肌が日焼けし、唇が小さかった。どうもいかん。オオカミのイメージと重なって、思い出そうと努力すると、アラスカのオオカミになってしまう。

モンゴルのオオカミたちも忘れられない。

ウランバートルの町外れに、二頭のオオカミが飼われていた。動物園を作るつもりで、捕獲したのだそうだ。ところが、動物園を作る費用がどうしても捻出できず、野に放つことが決まったという。

私は行ってみた。

いた。二頭。

見てしまった。瞬間、ドキンとした。見た以上、このまま離れるわけにはいかなかった。

「おい、兄弟。人の里にきた名残り、記念におれと遊ぼうよ」

私は、係の人に無理を言った。

「大丈夫ですから」

「本当かね」

「大丈夫」

中に入った。

自信はまったくなかった。心を無にし、神に祈った。

と……。

二頭が近寄ってきた。口を舐めた。しなだれかかってきた。ようし、よし。

私はモンゴルの山に溶け込んだ気がした。

運命の出会い

人には、運というものがある。ＡとＢ、二人がいたとしよう。遠く離れた所に住んでいて、とても出会える感じはしない。ところが、ある日、ある時、ふと会ってしまう。私とオオカミ犬、アナバスの遭遇がまさに運だった。私は、別に宗教心に厚いわけじゃないが、〝神のお導きにより巡り会ってしまった〟と言ったほうがいい出会いだった。

これまで、アナバスについては、いろいろと書いてきた。出来るだけさらりと、客観的に記してきたつもりだ。でも、それだけでは済まされないものがある。ゾウの時と同じように、「最後のどうぶつ回顧録」を書くにあたって、私の正直な、ありのままの感情をどうしても書いておきたくなった。恥ずかしがらず真正面から私の気持ちを表してみよう。

アラスカへは、ＪＡＬの機内誌の仕事で行った。着いて、ホテルに泊まる。翌朝、ルームサービスで朝食を頼んだ。

地方紙を開いた。コーヒーを片手に、新聞を覗き込んだ。コーヒーが少しこぼれた。

「あれれ、またやっちゃった」

苦笑いをし、ティッシュペーパーで拭いた。

と、そこに！「アラスカ、ハイブリッドウルフ、第一回の会合」という小さな記事があった。

オオカミだ。その犬とのハイブリッド。

しかも、第一回の集まり。

私はすぐに電話をした。名前と身分を告げた。そして、その集まりに出席できるか訊いた。

「ＯＫ、ＯＫ。ユー・アー・ウエルカム」

それで、夜、私は駈けつけたのである。

会は、小学校の教室を借りて開かれていた。動物の大きさはまちまちだった。プードルやシェルティとの交配種もいた。だけど、そこに足を踏み入れる。

その瞬間！

右の隅っこに、いたのである。一頭のオオカミ犬が。

耳が大きかった。毛色は灰色。

ハスキーに似ていなくもなかった。でも、どこから見ても、オオカミだ。オオカミ。長年憧れ続けてきたオオカミ犬。

私は、吸い寄せられていた。

二人のアメリカ人が側にいた。

だけど、二人などどうでもよかった。

「おい、おい。お前」

私は語りかけていた。

するとオオカミ犬は、長い舌をペロリと出し、私が前に伸ばした手を舐めた。

「あれ、アナバスが」

女性のほうが、ビックリした声で言った。

「見ろよ。それだけじゃない。アナバスが頬を寄せているよ。珍しい。相手は男だよ」

と、脊の高いほうが言った。

彼、ご主人のほうはジョージという名で、後で聞いたのだが、アナバスは男嫌いだという。私は、アナバスだけを見ていた。胸が高鳴る。口の中が乾いた。

「名前はアナバス。九十%のウルフだよ」

ジョージが説明してくれた。

アナバス、わが友よ

アンカレジの町は、予想以上に小さかった。小学校を出て、ひとつ角を曲がると、暗い通りに入った。

私とジョージ夫妻とアナバス。三人と一頭は、ジョージが運転するジープに乗っていた。

会が終わってから、ジョージが言った。

「くるかい？　うちに」

「行っていいの。うれしいな」

私はにっこりした。もう、何も目に入っていなかった。アナバス。オオカミの化身。それだけが、体の中に入り込んでくる。

日本からきた作家だと、会で紹介された。挨拶をしたのだが、何をどう話したか憶《おぼ》えていなかった。頭の中は、しどろもどろ。アナバスで一杯だった。

「こいつはね、三歳の時だっけ、逃げ出しちゃってね。心配で心配で。ね、サリー」

ジョージが奥さんに話しかけた。

「いないんですものね。ポスターを何枚も作って、見かけた人、ご連絡くださいと、至る所に貼りましたねぇ」

アナバスが脱走したのは、一度ではなかった。五歳の秋、表の垣根をジャンプして越え、どこかへ消えたのだという。

はぁ、うん、そうですかと、私は辛うじて相づちを打った。

聞きたいこと、知りたいことは山ほどあった。けれども、それよりも、目の前にいるオオカミ犬のほうに気を取られ、上の空状態だった。そればかりか、会に集まってきていた犬とオオカミのハイブリッドたちさえも、一切、記憶になかった。

訪れる前には、いいチャンスだと勇み立っていた。プードルとのハイブリッド。セントバーナードとの交配種。犬のどこが、どのように遺伝するのか調べようと思っていた。それから、生まれた子の気質、それを追跡すれば、犬という動物の特性もはっきりとするはずである。

——あれと、これとあれ。

私は質問を用意していた。

それが消えてしまった。他のハイブリッドなど、どうでもよかった。

アナバス、マイラブ。

アナバス、マイフレンド。

片時も目を離したくなかった。家に着いた。娘さんが出迎えた。私は、無言で彼の居間に滑り込んだ。

「アナバス」

そう呼びかけて、前から抱いた。すると彼は、私に顔をこすりつけた。

――幼児性が残っているな。

前脚を調べた。爪を開こうとすると、アナバスは、ぴくりとし、脚を引っ込めた。

――爪は切られていないな。

動物は、四つの脚で地面を歩く。だから、前脚の掌球は特に敏感である。

私が触ろうとすると、神経質に手もとに引っ込めた。

――ふうん、そうか。アメリカだものね。

土足で家に入っても気にしないのである。だから、脚を拭かれ慣れていなかった。

アナバスの白い星

「むぅつぅさーん」

と、ジョージが呼んだ。アメリカ人は、「む」と「つ」が繋がる発音が苦手らしかった。

「明日ね。南の谷に野菜を買いに行くけど、むぅつぅさん、一緒にこないか」

「さあねえ、ぼく、明日もここに来ていいのだったら、アナバスといたいな」

「いいよ。お前さんが好きな方を選べばいいさ。でも、明日の夕食は、うちだよ。サリーと話し合って、野菜パスタをこしらえることにしたからね」

「ありがとう、おいしそうだね」

私はサリーと娘のサマンサ、そしてアナバスに、さよならを言った。

アナバスは、耳が大きく、ピンと立っていた。毛はグレイ。黒ではなかった。

目の上に、両目ともに、白っぽい斑点があった。いわゆる四つ目というヤツである。犬のコリーなどでは、茶色でこの斑点が現れる。

違う犬種を掛け合わせると、この斑点がくっきり現れたりする。それから、額が白く鉢割れするのも目立つ。それから、四肢の先っぽが白くなる。競走馬などでは、ソックスをはいていると表現する。また、尾の先が白くもなる。

これは、体色の配合パターンとして、非常に特徴的である。このパターンについて、分かりやすく解説してくれたのが、ロシアの動物学者、テュート博士だった。彼女は、ギンギツネの研究をしていた。全身が銀色のあのキツネである。

交配を続けていく。すると、ある条件下で、まるでハスキー犬のような体色と模様をしたキツネが現れることを突き止めた。昔からその毛色は、十字ギツネと呼ばれて珍重されていた。

私は、シベリア高原の南端、ノボシビルスクに彼女を訪ねた。

「サラブレッドには、額に白い星が出ることがあるでしょう。あれは何故だか分かりますか」

彼女は、英語でそう訊いてきた。話し難《にく》そうだったが、よく分かる英語だった。

「色素細胞のせいですね」

「お、色素細胞を知っている。あなた、動物学を学んだの」

「ええ、生理学ですけど。それから、個人的な興味があり、ウサギのエンブリュロジー、発生学を学びました」

「なら、話しやすいわ。小さな胎児になって表面に皮膚が出来る。すると、皮膚の表面を色素細胞が流れていくの、こうね」

博士は、手振りで細胞の移動を示した。右と左から流れる。正面で、流れが止まってしまう。

「これが鉢割れの理由ね。足の先でも、そうでしょう。尾の先でも同じこと。そこへ、色素を作れという命令がきて、短いのね、その時、所定の位置についていない細胞は、色素を作れなくなるのよ」

アナバスの目の上の白っぽい点。そうか。足先。しっぽの先。

彼がハイブリッド犬の証《あかし》でもあった。

ベッドにできた突起

煙草に火をつけた。煙を吸い込み、そして吐く。ジョージがスモーカーであるのが有り難かった。アメリカ人の家庭で、あまり気を遣わず煙草が吸えた。

動物の場合、まったく問題にならなかった。私は、灰皿を床に置いておく。最初、何秒間かは、不思議そうにしているが、やがて自分に関係がないものと認識し、まったくイタズラをしなくなる。

アナバスの場合は、立派な大人だから、甘えて困るなどということはなかった。これが洋犬の子供の場合、甘えて、甘えて、おい、少し時間をくれよ、と言いたくなる場合がある。そんな時、煙草は便利だった。火をつけると、すっと身を退き、吸い終わるまで待っていてくれた。

アナバスには、幼児性が残っていた。それは、最初から気付いていた。前から抱く。額を押しつけてくる。

好きだよ。好き。

胸の中で叫ぶ。心の中には、好きという言葉だけがあり、ずっとこうしていたいと願う。

彼だって、顔をくっつけているのは嫌いではない。いい時間が流れる。その時間が、ほかの成犬よりもちょっと長い。

膝の上に抱く。しかし、これも五分ぐらいでさっと離れた。

五分間というのは、結構長い。その長い間、身を委ねるというのは、幼児の時、思いっきり甘えていない証拠でもある。

夫妻が買い物から帰ると、奥さんのサリーが私に訊いた。

「この子ったらね、眠る時、私のベッド脇にきて、寝そべってシーツをくわえ、チュウチュウ吸うんですのよ。これは、何をしているのでしょうねぇ」

「前脚、つまり手は、どうしていますか？」

「えーと、別に……。そのう、何というか、前に投げ出しているだけ」

「ほほう。じゃあ、時々見かける口唇《こうしん》期《き》の行動とも違うみたい」

「口唇期。それって人間の赤ん坊と同じものでしょう」

「前脚、つまり手を、口の両側に持ってきて、もみもみすることがあります。それを見ていてください。手は、指のつけ根に力を入れます。すると、指が開きますでしょう。と、指の先、つまり爪は乳房には触れず、母体を傷つけなくてすむのです」

私は、テーブルの端に手を圧しつけて、力を入れたり抜いたりした。

　サリーが同じ仕草をして、

「あ、本当だ。これだと、もまれても痛くないわ」

「吸う行動――もみ行動。これはセットになっているのですよ。前脚を使わないとすると、これは珍しいケースですよ」

「へーえ」

「赤ん坊の時、主に面倒をみたのは、サリー、あなたでしょう」

「ええ。ジョージは、仕事で出かけるものですから」

「サリー、あなたを母親と慕っているし、崇《あが》めてもいるのです」

　サリーの寝室に行くと、絞り染めをする時のように、シーツがいくつも突起状になっていた。

ようし、よし、よし、アイラブユー

アナバスよ。おお、アナバスよ。胸の中でそう繰り返した。心の中は、アナバスの鑽仰《さんぎょう》で満ちあふれている。

——いかんぞ。押さえて、押さえて。

と首を振った。いくら何でもオーバーだ。向こうだって迷惑だろう。いや、正直な話、いいじゃないか、素直になっても。私の心は千々に乱れていた。

壁にもたれていた。膝小僧を抱く形である。

アナバスは、目の前で寝そべっている。右前脚を、左前脚の上に重ねていた。手を伸ばせば、アナバスの頭に触れるくらいの距離。

これは、犬がとる距離でもあった。さぁ、こい。もっとこい。上に乗ってこい。そう思っても、犬は甘える距離を心得ていて、人と犬、犬と犬の間には、空間が生じる。

わが家に犬がたくさんいた頃、私は外に出て、座り込む。すると、犬たちが寄ってきて、ひと騒ぎの後、それぞれの距離を保ちつつ寝そべってしまう。

そこが子犬との差である。子犬は、こちらの体に登ってくる。シャツの隙間に鼻っ先を突っ込んでくる。

サルの仲間はもっと意図的だ。

かつて台湾を旅した時、腰を縛られ、見世物にされているオランウータンの子を見た。見るほどに悲しくなり、私はその子を引き取ってしまった。

私は、母親役をしようとした。

でも、彼は母を知らずに過ごしてきて、繋がれて育った子だった。私が近づくと、必死に噛んだ。

「ようし、よしよし」

いい子だねと頭を撫でた。すると、その手をパクリである。

どうにでもしろ。たとえ五体がバラバラになっても、おれは、お前を愛することをやめないぞ。

オランウータンの口は、充分に発達していた。歯が肉に食い込んだ。体のいたる所が紫色に腫れ上がった。犬歯が当たった場所は、紫色を通り越して黒くなっていた。

それでも私は笑っている。

「よしよし、ようしよし」

ヒグマとの生活で身に付けたものだった。

――いつかは通じる。いつの日にか、おれを頼るようになる。

叩かず。ノーと言わず、相手がなすがままに任せる。

おれの体は、動物にあげたものだ。どうにでもしてくれ。

一週間たった。

彼の名は、オランウータンからとって「ウータン」だった。

――おや、ウータン。

彼の態度が豹変《ひょうへん》していた。いや、豹というのは変だ。〝ウータン変〟していた。

彼は、正面から抱きついてきた。

「ようし、ようし、よしよし」

私は呪文のように唱えた。

ウータンは、私の首筋に口をあてた。そして、その口を開け、熱い舌でペロリと舐めた。

「ようし、よし、よし」

私は泣いた。涙があふれた。

アナバスの救命

寝ても醒めてもアナバスだった。あのアナバスが、どこにいても出現した。

北海道の自宅に帰っている。書斎で眠っている。何だか寝苦しいなと目を開けると、アナバスが布団の上にいて、私の顔をじっと眺めていた。本を読んでいても、右の肩に両脚をのせ、じっと本を覗き込んでいた。

そしてアナバスは、アラスカとしっかり結びついていた。あの冴《さ》え渡る大気。氷で刻まれた感じがする夕焼け。ヨーロッパにいても、アフリカにいても、私はアラスカを呼吸していた。

時々私は、自分の情念の深さに辟易《へきえき》とすることがあった。難産の馬に寄り添い、産室で仮寝をしていた時、いつの間にか起き、馬の膣から潜り込み、子馬と子宮内で対面し、おい、元気に出てこいよ、などと話し合ったりしていた。

アラスカ。アナバス。

そうだよ、行くぞ。

アフリカのロケの間中、北国に住むアナバスのことを思っていた。ロケが終わり、航空券の変更を申し出た。パリからロンドン、ロンドンからマイアミ、そこからシアトルを経て、アンカレジという便になった。

複雑極まりない旅だったが、ともかく私はジョージの家に転がり込んだ。ジョージは、温かく迎えてくれた。

「ようこそ、よくきたね」

「ああ、どうだい、アナバスの前脚の具合は？」

「おや、どうして前脚のことを」

「昨夜、教えてくれてね」

そこで、それは夢の中だったんだと気付いた。ジョージは、カンパリを取り出した。どぼどぼと音をさせ、コップに注いだ。

「ムツーさん、アフリカでの仕事、よかったね、無事で。カンパーイ」

「ありがとう、カンパーイ」

私は下戸である。胃の手術をしてからずっと、アルコール類を断っていた。

飲んだ。とたんに、胃と腸が怒り始めた。グジュグジュ、ギュウ……。腹の中はひどい状態になった。

「ちょ、ちょっと失礼！」

横になった。ダンピング症候群と名付けられる症状だった。空きっ腹にいきなり甘い物を詰め込んだら、気が遠くなったりしたものである。

他人の家だ。だらしがないぞ、ムツゴロウ！

私は横になり、なるべく早く気分を治そうと、大きく息を吸い込み、吐いた。目は閉じている。

と、アナバスが馬乗りになってきた。

私の呼吸を確かめるように、鼻先を私の口に押し当てている。やがて、右の頬を私の胸に圧しつけた。右、左。右、左。交互に。

私も、彼の与える力に従って息を吐いた。

ジョージが叫んだ。

「アナバスが、人工呼吸をしているよ」

一同、感激し、アナバスは健闘した。

ゴリラからオオカミへ

長い旅だった。私はルワンダにいた。ツチ族とフツ族の間の闘いがまだ顕在化せず、人々の間でくすぶっていた頃の話だ。

ルフェンゲリの山の中で、ゴリラの取材をしていた。そして、ゴリラという雄々しく堂々とした生き物にすっかり魅せられ、ポケットに手を突っ込み、熱帯の青い空をうっとり眺めていた。

そこへ電話。アラスカのジョージからだった。

「ドクター。頼みがあるのだけどね。聞き入れて貰えるかね」

「一体、何だい？」

「ほかでもない、アナバスのことだけど、彼も歳で、今年はどうしても彼の子供が欲しいのだけどね。なぜかダメなんだよ」

「相手のメスの発情は充分なんだろう？」

「それを見間違えるはずはないよ。立派な出血が見られているんだ」

「ふうん」

「連れて行くんだけど、どうしても乗ろうとしないんだ。無理に乗せても、ソッポを向いてしまう。オスッ気がなくなったのかなぁ。おれ、ここで、飼育記を中断させたくないんだよ。で、頼むとしたら、ムツーさん。ドクターしかいないよ」

「ようし、分かった。行くよ、必ず」

私は電話を切った。何とかしてアラスカへ行こう。

帰りの航空券を変更した。これが大変だった。ルワンダのキガリから、スーダンのハルツームに飛び、そこからパリ。パリからロンドン。そこからアンカレジ便にようやく乗ることができた。

長い、長ーい旅になった。

ジョージの家。

アナバスが出迎えてくれた。

「オオカミさんの出迎えとは、うれしいな。おれらしくって、いいや」

二人は、連射砲のように、お互いの思いを語り合った。

ジョージが言った。

「ムツーさんなら、交配できると思う。やって貰いたいんだ、どうしても」

「うん。いいよ」

「あ、有難う。ほっとしたよ。出来るんだね、必ず」

「出来るとも。それは、おれの長い研究の中に含まれているからね。やる、やってやる。だけど、条件が一つある。おれとアナバス、これから深い付き合いをしなければならないんだ。それを見て、一切、批評をしないで貰いたい。それから部屋を一つ貸してほしい」

「それなら娘のサマンサの部屋を使えばいいさ」

「それからもう一つ、これは珍しい例の一つになるので、日本からカメラマンを呼んでもいいかな」

「どうぞ、どうぞ」

ジョージは快諾し、「おれたち、友達の家に行っているよ」と提案してくれた。そのほうがいいかもしれない。私は、日本に電話をして、カメラマンを一人要請した。

オオカミさん、どうしたの

いよいよ核心に近づいてきたなという予感みたいなものはあった。

だが、何が、どう変化するのかは分からなかった。

二日目。東京からカメラマンが到着した。金山さん、一人である。

金山さんは博識であり、地質学や歴史にも造詣が深かった。無口で、黙々とカメラをまわした。私は彼を尊敬していて、いつかはきっとすごい映像を撮ってくれるに違いないと信じていた。

だから、私は何も言わない。

「ここを撮ってください」

などとは、口が腐っても注文しない。こちらは被写体である。何をどう撮るかは、カメラマンの目にかかっている。

私は居間で横になっていた。首を壁に押しつけ、少し浮かせ気味にしていた。

アナバスは、横にいた。

呼吸も正常。脈拍も正常。

しかし、その時は横にいる感じが違った。普通だったら犬の仲間は、一メートルぐらい離れた所で寝そべっている。こちらが動こうとすると、もの憂げに目を開け、じっと動きを追うぐらいである。

そのアナバスが体を密着させていた。

私は右手をだらしなく横へ伸ばしている。掌は上にしている。その上に、どっかり体を押しつけている。

私は、指を小刻みに動かす。嫌だったら、どいてくれよという気持ちだった。

これは、いろんな動物で確かめた。〝愛の信号〟であった。

たとえば犬。

私は座椅子に座っている。肘掛けに肘を置き、そこから手を立てた状態にしておく。

と、犬が寄ってくる。私は指を動かし続けている。犬は、その指の上に体を寄せてくる。

私の指は犬の体を触る。乳首に当たる。犬がピクンとして、動きを止める。

私はこの方法で、動物の体に分布する急所を探っていた。

こちらからは触らない。

どこを愛撫するのかは、相手に任せるのである。

毛があった。その層をかき分けると、皮膚に爪が当たった。アナバスにも、オスだけれども乳首があった。もちろん、乳腺は発達していなかった。しかし、そこに神経細胞が発達しているのは事実だった。

——何かを感じている。嫌だったら、体をずらせばいい。何かある……。

小便をしたくなった。私はアナバスの下からを手を引き抜いて立った。

すると、彼は私の足に体をこすりつけてきた。

私はよろめく。

——ショーベンだよ、ションベン。

トイレの戸を開けた。と、彼は、私よりも先に入った。

明らかに、私にくっついていた。くっつく度合いが違った。

アナバス　行動の秘密

便器に腰をかけ、私はしばし考え込んだ。おれは、一体、何をしているのだろう。パンツが引き下ろされている。裸になり、つまり、いつもは布きれで覆われている部分が露出し、すかすかしている。何とも、奇妙な感覚だった。

アナバスは、入り口から半身を入れ、頭を下げてじっとしていた。

犬だったら、と思った。何を言いたいのか、何か要求することがあるのか、おれには分かるはずだ。おい、アナバス、お前、一体今何がしたいのだ……。

目を上げると、カメラマンの金山さんはすでにいなかった。アナバスが進入するところまでは撮っていた。だけど、そこで一旦撮影をやめ、トイレの入り口で次の変化を待っている。

私は、アナバスを見た。

すごくマジメな表情だ。耳がピンと立っていた。鼻は、ピクついていなかった。新しい変化をさぐる気配はなかった。

おや、そうか！

何か突然心に突き刺さってきた。おれ、大切なものを見逃しているぞ。アナバスは、単についてきているのではないぞ。

そうなのか、と思う。ドキュメンタリー、と言う。時に、密着取材などと言う。密着――しているようで、結局はカメラマンのセンスにより、映像は左右されてしまうのか。

ああ、アナバスが入ってくる前。

そして、入ってきてからの表情。

その変化が知りたいと思った。それを撮るのが、今回の金山さんの任務なんだ、と心の中でぶつぶつ言った。

だけど、それをカメラマンに指示するつもりはなかった。

私は立ち上がった。ズボンを元へ戻した。トイレを出た。

二階の階段を登った。踊り場。右が娘さん、サマンサの部屋。左のドアを開けた。

正面に物干しがある。さらに左へ行くと、家の正面にある屋根の上に出る。

私は、そこに足を踏み入れた。

金山さんは、カメラを抱え、一階の玄関から外へ出ている。

私は、屋根の中央に立つ。

アナバスは?

彼は、屋根の上をとことこ歩いた。右へ。左へ。

耳を立て、鼻孔を開いて。

私には、分かった。彼は、私を守るつもりでいるのである。右や左の点検を終えると、彼は私の横に座った。

そうか。そうだったのか!

私がシャワーを浴びる時の彼の行動に納得がいって理解できた。彼は、水に濡れるかどうかなど関係がなかった。シャワーの下に立つ私のまわりを点検した後で、入り口まで身を退き、じっと目をこらしていた。

屋根に出る、などという変な行動をする私のまわりを動き、すべりはしないか、足を踏み外しはしないかと調べ、その後、じいっと見張っているのである。

ひっくり返して、乗ってきた

三日目の昼。卵をフライパンで焼き、半熟の目玉焼きを作り、厚手のハムを添えた。

卵黄の部分をナイフでつぶし、切ったハムにまぶした。

「おい、食べるか」

アナバスに差し出した。彼は、ぬうっと首を伸ばし、嗅いでみたが、顔をそむけた。

なんだ、食欲がないのかと、ハムをそのまま自分が食べる。食べながら、横目でアナバスを見た。

端正な顔立ち。上唇には、いくらか緊張が見られた。その顔つきで、そっぽを向き、よだれは垂らしていなかった。

食事を終え、皿を台所に運んで、インスタントコーヒーを淹《い》れた。私の好みはジョージと同じで、深煎《い》りである。

居間に戻った。床にゴロリと横になる。両手を頭の後ろで組んだ。

目を閉じた。

おかしい、変だぞ。

異変を感じて、私は目を開けた。

すると、目の前に、オオカミさんの顔があった。

「何だい、どうした？」

反射的に声をかけていた。

しかし、アナバスは答えなかった。耳を倒している。目は吊《つ》り気味になっていた。彼が何かに夢中になっている表情だった。

彼は、私の左手をかいこむ感じで動かした。動物が何かを私にしようとする場合、私は完全に脱力していた。だが！

「おい、おい。痛っ痛っ！」

私は小声で呟いた。

アナバスの前脚の爪が、くっきり立っていて、私の肉に食い込んだのだ。

爪を立てるなんて……。

これは、親しくなった野生動物では、めったにないことである。ライオン、でもだ。

アナバスは、かいこんだ私の左手の下に、顔を突っ込んだ。私の体は、半回転した。仰向けになっていたのが、腹這《はらば》いになった。

すると、彼は、私をまたいだ。そして、両の前脚で私の腰を抱いた。

おい、おい、おい。

奇妙な感覚だった。

私だって抵抗はある。アナバスによって、メスの体位をとらされているのである。動物になろう、と私は決心していた。クマの場合、私はオスにさせられた。でも、性が関係してくると、どうしても、いいのかなと真剣に悩んだ。羞恥心を、完全に捨て切れていないのである。

おれは人間。

アナバスはオオカミ犬。

のっけから、叶《かな》わぬ恋ではないか。交尾できるわけがない。なのに、「お前が好きだよ、アナバス」と言い続けるなんて、天に向かってツバを吐くのと同じじゃないか。

アナバスは、がっちり私を固定していた。まさに、交尾の姿勢だった。

愛され愛す

腹が減ってきた。ジョージは出前をしてくれるレストランの電話番号を残してくれていた。そして出がけに、冷蔵庫の一番下を開け、これ、拾ってきたのだけど、よかったら食べてくれ、と言い残した。それは、キュウリウオの冷凍したものだった。

アンカレジの町からちょっと出て南に走った所から、クック・インレット（クック湾）が始まる。そこに春、魚が押し寄せるのである。地元の人たちは、それを「フーリガン」と呼んだ。ヨーロッパのサッカーで、黒く群れて騒ぐ、あのフーリガンである。魚類図鑑には、この仲間にはシシャモがいるけれども、キュウリウオそのものは、味がよろしくないと記されている。

日本でも、昔はたくさん押し寄せてきていた。私が北へと移住した四十年あまり前まで

は、川が黒く見えるほど上ってきていたものである。ある年、川へ行ってみた。すると、砂防ダムの下、川底が銀色になっていた。死んだキュウリウオが、横になり、積み重なったからである。以来、その川では、キュウリウオの遡上《そじょう》の噂は、ぷっつり途絶えた。

噂を聞けば、駈けつける。岸から、子供が使う網を入れれば、難なく捕れる。食べもしないのに、夢中になって捕る。

そういう所は、洋の東西で変わりはないようだ。きっとジョージも、娘さんを連れて〝フーリガンすくい〟に行ったのだろう。ビニールの袋に入れられたキュウリウオが、数百尾、ぴんと凍っていた。

キュウリウオは、シシャモの仲間である。私はいただくことにした。

まず五尾ほど、取り出した。そうだ、付け合わせにしようと、庭に出た。端っこの、住み難そうな所に、セイヨウタンポポが葉を広げ、花をつけている。その葉の広いのを選んで摘んだ。

矢張り……。

と私は感動していた。アナバスが、ついてくるのである。触ってくれでも、撫でてくれでもなかった。私から一メートルほど離れた所に立って、頭をきっと上げ、目には警戒の色があった。耳はピンと立っている。

私は、ふっと思う。

——クマが出てこないかな。その木戸を開けて、強盗でもやってこい。

彼の心の中では、〝愛されること〟より、〝愛すること〟のほうが強くなっていた。同じように思えるかもしれないが、微妙に違うものなのである。

私は、ヒグマとの食事を思い出した。私が届けられた弁当を開けると、ヒグマは前脚をそろえ、四囲に気配りをしたものだ。そうなると、たとえ弁当の中身が彼の好物であろうと、手を付けようとはしなかった。

私はフライパンにバターをたっぷり溶かした。フーリガンを焼いた。小麦粉を卵で練り適当に揚げる。その間、アナバスは玄関のほうをきっと見据えていた。

動物たちの性

成熟したオスとメスがいれば、そのうち、交尾が起こると思っている人が多い。特に、実用動物を扱っている人には、馴《な》れが生じ、簡単に考えてしまう。

つまり、要するにだ、交尾というものは、オスの性器がメスにおさまればいいわけで、家の扉を開けるように、カギをカギ穴に入れてねじればいいわけで、馴れるほどに機械的に考えてしまう。

私だって、そうだった。

一時期、馬をたくさん持っていた。繁殖の時期には、いい発情が訪れているメスを、交配用のワク場に入れ、オスを連れてきてあてがう。オスのものが充分に伸びてきたら、手で持ってメスの中へ入れてやる。

時間は、種によって、動物によって違う。馬だと一分はかからない。三十秒ぐらいの間に、数回射精して終わりになる。

山羊などは、短い。一突きとよく言われるが、乗る、挿入する、それで終わりである。

これが豚だと、かなり長い。十分間ぐらい挿入していて、その間、何度も射精する。

私はこのような行為を、見たことがない人が多いのに驚いている。動物の専門学校に行って話をすることがあるが、まず訊いてみる。

「犬や猫の交尾を見たことのある人は、手を挙げてちょうだい」

五十人の生徒のうち、二、三人が挙手をするだけである。動物の専門学校で、である。

これは、非常に不幸なことだと思う。一昔前だったら、巷《ちまた》でたくさん見ることが出来たと思うからだ。

私は、勤めてから勉強した。特に、哺乳動物はどうやって受精し、卵がどうなっていくのか、知らぬまま動物の専門家面をしてはいけないと思った。

会社の中に、小さな研究室を作り、ウサギやネズミを飼った。交尾を自分の目で見て、精子を横取りして調べた。小動物では、横取りがうまくいかず、失敗の連続であり、苦労したのを覚えている。

大動物は、特に実用動物で研究が進んでいて、当時千葉にあった畜産試験場に行き、いろいろ教えていただいた。

ネズミやウサギで苦労していた身としては、大きな動物は感動的だった。また、大きいと、どこを触ればどんな変化が起こるかも容易に知ることができた。

馬でも牛でも、それから豚でも、オスを連れてきて、疑牝台《ぎひんだい》という台座に乗せる。乗った所で性器を刺激すると、ぐんぐん伸びてくる。それを人工膣で受けてやるわけだ。

これも、馬と牛では違った。

馬のモノは大きく、人工膣の外側に四十度以上の熱い湯を入れるのである。温度刺激を加えなければ射精が起こらない。牛は違う。人工膣が緊密になっていて、圧迫感を与えるようになっていた。

私は、オオカミが、仰向けに寝ている私を起こし、後ろから抱くという方法を知っているのに驚き、性行動の広さ、深さに感動したのである。

第五章　ゼブロイドを探しに

どーんとケニア、奥の奥

その頃、私は生涯の中で一番忙しく過ごしていた。

他ならぬ動物に乗るためだった。わが自慢の書庫には、世界中で買い求めた本が並んでいた。そこから一冊抜き出し、こいつに乗りたいと言った。そのわがままを聞いてくれる男がいた。スタッフの中のS君だった。

S君とは、へんな縁で知り合った。

ロケに行く途中だった。いつの間にか、知らない男が紛れ込んでいたのである。

S君は博識であり、何を話してもついてきた。何とまあゴルフのジャンボ尾崎のことまで知っていた。

ジャンボはかつて西鉄ライオンズにいた。同じ若手投手の中に、私の実のイトコがいたのである。

ああ、西鉄ライオンズ！

サードには、あの強打の三番、中西の太っちゃんがいた。それから、高倉（照幸）、玉造（陽二）……。仰木（彬）さんは、後に名カントクになった。

思い出を語り始めたら、きりがない。

やめとこう、ここでは。

いろんな選手たちは、後に麻雀のほうでお世話になった。

で、そのＳ君が、である。

気がつくと、正式にわがスタッフの一員になっていたのである。

その後、何とドキュメンタリーなどを撮る有名な会社の一員になっていた。そこへ入ったいきさつなどは、山ほど物語がある。危ない、危ない。そこへ話が飛べば、いつまで経っても終わらない。

そのＳ君が、である。

見つけたのである。私の書庫の中の一つ、子供向けの絵本の一冊。ルーペで見なければ分からないほどの小さな写眞、その中に写っていたシマウマの飼い主を発見したのである。

彼は胸を張って言った。

「これは、ケニアです」

「へっ、よく見つけたなあ」

「まあね、蛇の道はヘビ」

「よくわかったなあ。君、まさかケニアまで行ったんじゃなかろうね」

「まさか。テレビ局が、そんな金を出すわけないじゃありませんか」

「だ、ね」

「行くでしょう、ムツさん。ムツさんが行ってくれないと、この企画ナシ、じゃぼーんと消えちまいます」

「行く、行く。万難を排して」

「ようし、決定！」

二人は固い握手。

ケニアは遠い。けれど、S君のような人物がいると、次の日にも行けるのだ。

シマウマだ。

早いほうがいい。

というわけで、私はケニアにいた。

何とそこは、ケニアはケニアでも、観光コースから外れた所だった。

ケニアの友人は、〝裏キリマン〟と表現した。ケニア通と言われる男なども、滅多に話題にもしない所だという。

裏キリマンへ　ゼブロイドを求めて

熊本から迷いこんだスタッフのクマちゃんと、昼飯で顔を合わせた。午前中、ずっと探していたので、私はついつい難詰するかのように短く言葉を切った。

「おい。クマよ。どこ行ってたァ」

「どこ行くってよ、どこも」

「いなかったじゃないか」

「へ、へっ。ムツさんって最近変じゃなかとね。クマに乗るんに、クマ格がどうのこうのとか言って」

「おかしいか」

「変ですばい」

「そうれそれ、おれ、おまえさんに、シマウマの話の続きをしたかったんよ」

そう、それはケニアの話だった。

S君は、まるで魔法みたいにロケカーまで用意してくれていた。

「さ、行きましょう」

「よいよいのよ。行くぜ、〝裏キリマン〟だったよな」

「ぶーんと飛ばしましょう」

それで、ロケカーの席まで決まっていた。

キリマンジャロだったら、大きな道を突っ走ればいい。

S君は、朝の報告をした。

「えーと、シマウマの牧場に電話したんですが、相手は、ミ……ミッチーと名乗って、あまり来て欲しくない感じでした。来るんかい、あ、そう。どうしても来たいなら来てもいいけど、とそんな調子でした。ブツはいるけんど、見たいなら来ればいいじゃんって、素っ気なかったなぁ。それで、ちゃんとルールは守ってくれよと念を押されました」

「日本から電話したときも、そう言ったと聞いたよ」

「おういおい、ですよ」

さすが世界の観光地である。ナイロビの街を抜けると、野生動物の姿があちこちに見かけられた。マサイマラの自然保護区は近くにある。

世界は広い。

シマウマとウマを交配している人物が実際にいるというのである。

そうだ。あの子供用の絵本の登場だ。

こういう人もいるんだと、ヒマネタ扱いで小さな写真が載っていた。

写真では、シマウマとウマの交雑種である〝ゼブロイド〟を人が使役に使っていた。

脊に大きな荷物がくっつけられ、二十頭ばかりが数珠つなぎになって、原野の中を行進していたのである。

本当ならスゴいことだ。ぜひ見たい。

道は急に悪くなった。観光客が日頃通らない所らしい。

キリマンジャロは右手。

北にある。

それを、ぐんぐん巻いて走った。

シマウマがいた。

それは自然のものだった。

幸い、天候は晴れ。

さあ、こい。

シマウマ。

ぽお、ぽお。響けよ、我が声

名峰、キリマンジャロ。

下の方はよく分からない。いぶしこぶし大小の山がくっつき合って、その上の方に雲だか霞《かすみ》だかかかっていて、中央にどーんと威張りくさった岩が天を目指していた。

アフリカであるのにだ、頂上には雪が白かった。

アフリカだよ。なのに、雪。

〝キリマン、きりまん、きりまんジャーロ〟

私は調子をつけ、胸の内で歌っていた。口に出したら、オヤジギャグだとか、ダジャレだとか、笑いものにされるだろう。

おまけに裏キリマンときている。〝裏切り〟とつづめてしまいたくなる。

キリマン。

義理マン。

倦怠《けんたい》期。

次から次へと、おかしな言葉が湧いてきた。さあ、やめだ、やめだ。

道は右へと枝分かれしていた。車がドスン、ドスンと揺れた。

もちろん、舗装などされていなかった。真ん中に草が生え、その両脇に轍《わだち》がついていた。

ウラ！

道はカーブして続いていた。どこへ行くのか。次第に心細くなってくる。

――おい、おい、おい……。

右に曲がってトンネルの入り口みたいな所に出たぞ。

これぞ裏キリの本領発揮だ。いつしか道は上りになっていて、右には巨岩のかたまりがでーんと連なり、左は削《そ》げ、断崖絶壁になっていた。

「あ、ここだな」

S君は、車を停めた。

「バックサイド・トンネルだな。ま、トンネルと言えばトンネルだけど……。さ、降りましょう。ミッチーはですね、ここで大声で叫んでくれと言ったんです。ムツさん、大声出せますか？」

「へ。声ねえ、おれ、得意じゃないんだけど、出せると思うよ」

私は、大きく息を吐いた。少しずつ息を吸い込み、胸を広げた。

よし。いくぞ。

「ぽー。ぷおーん。ぽっぽっぽ」

我ながら大きな声だ。

「すごいですね。よく響きますな。これだったら、ムツさんだけでいいや。本当にすごいっすね。どこでそんな声、出すんですか」

「へへ、おれの馬を呼ぶときに大声を出すのよ。ぽー、ぽぉっ、ぽおーん」

秋から冬、殖《ふ》えた馬を村の共同放牧地に放すのだが、十日に一度くらい見に行って呼ばねばならない。

リンゴやニンジンを持って行く。

口の両端に掌をあてがう。

「ぽ、ぽ、ぽ」

それでもこない。

「ぽおーん、ぽおーん！」

すると、やってくる。ド、ド、ド。いいもんだ。嬉しいよ。さ、リンゴ。

畑先生の原稿は、400字詰めの原稿用紙
4枚に書き綴られ、毎週FAXで
編集部に届けられていました。
1枚目の原稿用紙の右半分には、タイトル、
その左横には律儀にも「畑正憲」と
毎回名前が記されていました。
そしてここからが、畑先生の最後の直筆原稿――。

いよいよぜブロナドん画伝

畑　正憲

〃お。ぽーぽおーぽーぽー〃

必死だった。ありったけの力をのどに集めて叫んだ。声が家だったら、ピンポーン……玄関のチャイムの係である。

〃おい・おい、おーい。パーラボピイ〃。意味のない言葉がわいてくる。ペーポラパー。だ。サノヨーTヨTだ。

いろいろあったなあ、頭の中には、かっての珍しい経験がフラッシュバックする。そうだ、高床式の村に宿泊した時、トイレも高い所にあった。まちいで、息ばる。う、うーん。
自分の最下端から下を目ざすものがある。
ぶら、ぶらーり。そして、ぽとん。
〃びゃー。びゃっ〃、
〃ぶわーん。ぶっぶわあ〃
下では、ブタたち大さわぎ。
トイレの直下では、ブタが飼われているの
である。
もちろん、その日の夕飯のおかずは、客が
とた時の特別料理、ブタ炊である。

さてとさて、ぷおーん、だった。ケニアのキリマンだ。ウラキリマンのぶおーんだ。道は、どでかい岩盤をくり抜くおうんして右へと曲がっていた。巨岩んは、割れ目があり、木が生えている。

そうだ、人ルコの果て。北トルコの山の中。どうしても、車輪が一つ余ってしまう。

皆、おりろ。

道案内、コーディネーターまで下車してしまった。

私は、下りなかった。一連托はだ。おれーんでも・ゴマ一粒より重いだろう。

車は行った。下へ、下へ。

道が欠けた部分には、四方から草が生えている。車は、その草の葉の上をこするようにして下りて行った。

ーがんばれ！がんばれ!!

加油！ドンドン。加油。

サッカー場で耳についた、中国語の加油が思い出した。いつしか、目は涙の池だ。私は、メルコの東でたっぷり泣いた。
ドライバーが明るい声で言った。
「ほうよ。お墓さあそばしたぜん
目の前には、木でこしらえた破れかぶれの門があった。
私は横を見て注文をつけた。
「おう、合棒よ。クラクションだん
「なり、きた、プ、プーん
すると奥から人が。
「やあ、あめえたちか。ぷから、ぽっから、ぽっぽこぽお、とうるせえ奴らは」

男は、口の端から含んでいるものといっしよに悪態を吐出した。

私は大声で言っん。

「でブロナド、見んきたんだ」

「見物かあ」

「見やえもらいたい」

「買いにきたんじゃねえな」

「ああ、見るだけ」

「ふえー。ははな」

彼は内ん向いた。

すると、大きな、馬みたいな、ヘーブリットが寄ってきた。

2016年1月に始まり、そこから約7年間、
コラムを毎週執筆いただきました。
時にシリアスに、時にユーモアたっぷりに書かれた原稿は、
行間からも人柄が滲み出ていました。
ありがとうございました。ご冥福をお祈りいたします。

週刊プレイボーイ編集部

※本書は、週刊プレイボーイの連載コラム
「ムツゴロウさんの最後のどうぶつ回顧録」を加筆修正し、構成しています。

畑《はた》 正憲《まさのり》／ムツゴロウ

1935年4月17日生まれ、
福岡県出身。作家、動物学者。
東京大学大学院生物系研究科修了。
日本プロ麻雀連盟の相談役。
作家としても数々の代表作を生み出し、
映画監督・脚本家としても活躍。
2023年4月5日死去。享年87。
その功績は余りに大きく、多くの人に愛された。

ムツゴロウさんの
最後のどうぶつ回顧録

2023年9月10日　第1刷発行

著　者　畑《はた》 正憲《まさのり》

発行人　樋口尚也
編集人　地代所哲也
発行所　株式会社　集英社
〒101-8050
東京都千代田区一ツ橋 2-5-10
電話　編集部　03-3230-6371
　　　販売部　03-3230-6393（書店専用）
　　　読者係　03-3230-6080

印刷所　凸版印刷株式会社
製本所　株式会社ブックアート

ISBN978-4-08-790138-2 C0095